跨越勝利的門檻
目標升級的生活藍圖

直接目標法——愛因斯坦也大推的成功法，幫你甩開拖延症

溫亞凡，默默 著

積極面對每一個人生階段，從目標設定到實踐的完整旅程，

與目標結伴前行，一本書引導你向成功邁進

直接目標法

愛因斯坦也大推的成功法，幫你甩開拖延症

目錄

第二章　大目標可以使你更加明晰任務，產生動力

目錄

目錄

第六章　大目標可以使你更全面的自我完善

目錄

直接目標法

愛因斯坦也大推的成功法，幫你甩開拖延症

第十章　做你確信正確的事

第十一章　做你認為最重要的事

直接目標法

愛因斯坦也大推的成功法，幫你甩開拖延症

內容簡介

本書引用大量成功人士的案例，生動而鮮明的告訴讀者，在你計劃你的未來時，眼光要放得高遠，要有遠大的目標。

我們希望本書透過對這十一個方面的詮釋能為你的事業發展提供一個清晰可行的思考方向，即，按照理想設計目標，積極的生活，並透過現在的生活確定將來的面貌。

直接目標法

愛因斯坦也大推的成功法，幫你甩開拖延症

前言

目標是行動的開始。只有目的明確、目標確定，做事才能專心致志，集中力量，才能表現出克制舉棋不定、心神不安的頑強毅力。

戴爾·卡內基說：「我們對小事情的注意，是指要從大處著眼，從小處入手，眼光放得遠大，理想必須高尚，但是我們的工作，卻要從細微的事情來開始。」

而從做細微的事開始，著手身邊事，會遇到許多具體問題，而且這些問題會為人帶來許多煩惱。但是只要你盡心努力的把令人煩惱的問題解決掉，煩惱就會隨之消失，你也不會因此而產生對生命的懷疑與虛無感，因為每一次具體問題的解決，都會成為你人生整體規劃中極有意義的一環。

成功的人將事業作為人生的一部分，而不是全部。他們將自己潛藏心底的人生夢想和追求轉化為切實可行的行動步驟並加以實現。他們不會讓事業成為生活的負擔，而是將事業變成實現人生目標、實現生活圓滿的重要步驟。本書引用大量成功人士的案例，生動而鮮明的告訴讀者，在你計劃你的未來時，眼光要放得高遠，要有遠大的目標。因為有遠大的目標可以：

使你更專注的把握此時此刻

直接目標法

愛因斯坦也大推的成功法，幫你甩開拖延症

使你更加明晰任務，產生動力
使你更好的把握重點
使你更準確的評估自己
使你成為有大成功的人
使你更全面的自我完善
而要實現計劃好的未來，就要付諸行動，從身邊的事做起，即：
做你想做的事
做你應該做的事
做你最清楚的事
做你確信正確的事
做你認為最重要的事
我們希望本書透過對這十一個方面的詮釋能為你的事業發展提供一個清晰可行的思考方向，即，按照理想設計目標，積極的生活，並透過現在的生活確定將來的面貌。
當你在遊走的不經意間拾起本書而展頁覽讀時，你會感覺到，內心的煩躁正在離你遠去。

第一章　大目標可以使你更專注的把握此時此刻

目標對當前工作、事業具有指導作用。也就是說，你現在所做的，必須是實現未來目標的一部分，因此你要懂得把握現在，重視現在。

將當下的目標具體化

你最好把有助於你達到中期和遠期目標的近期特定目標寫下來，設定當下目標並把握住可以避免浪費時間，避免漫無目的的瞎忙。

生活中，每個人都有當下具體的目標。比如說，你準備明天做什麼，或希望下個星期與下個月做什麼。最好把有助於你達到中期和遠期目標的近期特定目標寫下來，這樣目標會更容易實現。

如果你對自己在學校裡的學習成績不夠滿意，想改變自己的落後狀況，取得更高分數，那麼你就必須確立一個你所嚮往的明確目標，而不是含糊其詞的想法。像「我想學好更多的課程」或者「我想取得更好的成績」的想法是不行的，你的期望必須是一種具體的目標。如果你的目標是想獲得一個更好的工作，那你就必須把這一工作具體描述出來，並自我限定準備哪一天得到這份工作。

要達到一個目標，你必須事先要有一個清晰的概念，把目標懸浮在半空中。你要了解對你最有利的是你應該在這個時候決定你的當下目標是什麼：要具有健全的身體和心智；要獲得財富；要成為一個品行良好的人；要成為一個好的公民、好父親或母親、好丈夫或太太、好兒子或女兒。

如果你目前的理想和願望還不夠明確，不足以成為一個目標，那你可以想像一下幾年以後成功的你是什麼樣子，對此，你可以自問：「我想接受到多高程度的教育？我想做什麼樣的工作？我期望過什麼樣的家庭生活？我喜歡住什麼樣的房子？我想賺多少錢？我想結交什麼樣的朋友？」你還可以這樣試一試：在一週內每天花十分鐘列出所有你當下想達到的目標。一星期後你手頭就會有幾十個甚至上百個可能實現的目標。這樣做會迫使你寫出自己的願望，這是開始把你的目標變為具體要求的最好方法。

設定當下目標並把握住可以避免浪費時間，避免漫無目的的瞎忙。而無論你採用什麼原則，一定要運用積極的人生觀才能實現你生命中的高尚目標。積極的人生觀是一種催化劑，它能使各種成功要素共同發生作用來幫助你實現目標。

明確目標是成功之始，而一個積極向上的目標會使你變得強大有力，會使你胸懷遠大的抱負；積極的目標在你失敗時會賦予你再去嘗試的勇氣，會使你不斷向前奮進；積極的目標會給你前進的動力，使你避免倒退，不再為過去擔憂；積極的目標會使你理想中的「我」與現實中的「我」統一起來，使你走向成功之路。

目標並不是方向，而是真正的目的地。生活中許多人之所以沒有成功，主要原因就是他們往往不明確自己的行動的目標。我們必須首先確定自己想做什麼，然後才能達到自己預定的目標。同樣，只有明確自己想成為什麼樣的人，才能把自己造就成那樣的有用之材。

找到正確的方向

假如你的一個目標發生了問題，應當更換另一個目標，這樣才能重新確定自己，才能把事情做成。

確定了目標，也就是確定了方向。假如你的一個目標發生了問題，應當更換另一個目標，這樣才能重新確定自己，才能把事情做成。一八八八年，作為銀行家的里凡．莫頓先生成為美國副總統候選人，一時聲名顯赫。一八九三年夏天，時任美國司法部部長的威廉．米勒先生到華盛頓拜訪里凡．莫頓。在談話之中，米勒偶爾問起莫頓是怎樣由一個布商變為銀行家的，里凡．莫頓說：「那完全是因為愛默生的一句話。事情是這樣的：當時我還在經營布料生意，業務狀況比較平穩。但是有一天，我偶然讀到愛默生寫的一本書，愛默生在書中寫的這樣一句話映入我的眼簾：『如果一個人擁有一種別人所需要的特長，那麼他無論在哪裡都不會被埋沒。』這句話讓我留下了深刻的印象，頓時使我改變了原來的目標。「當時我做生意本來就很守信用，但是與所有商人一樣，難免要去銀行貸些款項來周轉。看了愛默生的那句話後，我就仔細考慮了一下，覺得當時各行業中最急需的就是銀行業。人們的生活起居、生意買賣，處處都需要金錢；天下又不知有多少人為了金錢，要翻山越嶺、吃盡苦頭。「於是，我下決心拋開布行，開始創辦銀行。在穩當可靠的條件下，我盡量多往外放款。一開始，我要去找貸款人，後來，許多人都開始來找我了。可見，任何事情，只要踏踏實實的去做，不可能會失敗。」

事實上，有許多人因為一生做著不恰當的工作而遭到失敗。在這些失敗者中，有不少人做事很認真，似乎應該能夠成功，但實際上卻一敗塗地，這是為什麼呢？

原因在於，他們沒有勇氣放棄那耕種已久但荒蕪貧瘠的土地，沒有勇氣再去找那肥沃多產的田野，所以，只好眼看著自己白白浪費了大量的精力，消耗了寶貴的光陰，而仍然一事無成。

如果你真如上面所說，以相當的精力長期從事一種職業，而仍舊看不到一點進步、一點成功的希望，那麼你就應該反思一下：從自己的興趣、目標、能力來說，自己是否走錯了路？如果走錯了路，就應該及早掉頭，去尋找適合自己的更有希望的工作。

當然，在你重新確定目標、改變航向之前，一定要經過慎重的考慮，尤其不可三心二意，不可以既要抱著這個又想那個。

一個人由於找錯了職業以致不能充分發展自己的才幹，這實在是件可惜的事情。但是，只要他能夠認知到這個問題，就算晚了一些，也仍然有東山再起的希望。只要找到正確的方向，就完全有可能走上成功之路。

緊跟時代的步伐

立志成才的人，要正確對待自己所處的社會環境，才能更好的把握時代的脈搏，發展自己。

直接目標法

愛因斯坦也大推的成功法，幫你甩開拖延症

毋庸置疑，在工作環境、生活環境和社會環境中充滿著各式各樣的壓力，但我們又不能脫離這些環境，並且還要適應這些環境。

對於工作雖然有這樣的說辭：「此處不留爺，自有留爺處。」但總感覺仍然是個人的適應能力欠佳的緣故。一生之中換幾個工作環境不足為奇，而一年之中就更換幾個，就是你自己本身的適應能力欠佳的問題了。

總是躊躇滿志，過分看重自己，渴望在好的工作崗位上一展自己才華的人，總想要求工作單位考慮自己的專長，其實仔細想想，這恰恰是沒有自信的表現。為什麼除了專長就不能做一點別的什麼？要知道你自己所謂的專長，其實並不一定是用人單位所期待的專長，用人單位往往更注重考察一個人的綜合素質及對不同職位的勝任能力。說穿了，用人單位更期待那種一專多能的人才，他們在機會合適的時候才考慮你的專業，而且在大多數情況下是用你的非專業才能。因此，對於剛剛進入職場的人來說，過分看重自己的才能是不可取的，關鍵是要別人看重你的才能。

要想選擇一個適合自己的人生座標，打造一個「全新的自我」，我們除了要有淵博的知識、敏捷的思維、較強的預見能力，選擇恰當的職位和抓住成功的機會外，還需要一系列其他主要條件，例如要緊跟時代步伐，不斷的替大腦充電，增補新知識，還要消除自身一些不良習慣對於成才的影響等等。這所有的條件，都是我們實現自身理想的重要基礎。這就是為什麼有人能夠不斷的向成功的巔峰靠近，而另一些人卻不斷受挫，舉步維艱。

每個人的成長都離不開時代條件，但是，人又不能主觀的去選擇時代，只能在一定的條件下，

去認識時代為你提供的條件，進而加以改造和利用。人都是在一定的條件下生活的，每個人的成長不僅取決於個人的主觀努力，還取決於本身生活的環境。

好的環境，如優越的社會條件、良好的家庭薰陶、系統的文化教育及安定的生活等，都對人的成長發展發揮較大的促進作用。而渴望超前一步者應該把握時代的脈搏，充分利用客觀環境。

立志成才的人，要正確對待自己所處的社會環境，才能更好的把握時代的脈搏，發展自己。

一個人如果不從內在因素方面積極準備，不顧外在條件的發展變化，脫離時代需求而陷入不切實際的空想和蠻幹中，那麼，成功的大門是不會向他敞開的。只有適應時代的需要，他才有成功的機會和可能。

當今時代科學技術迅猛發展，每一天，世界都在發生著翻天覆地的變化，現在的世界，是一個充滿知識與學問的世界，無識寸步難行，有識走遍天下，知識普及的浪潮將把每個人都捲入時代的旋渦。在這樣一個時代，我們要想成功成才，就必須緊緊把握住時代脈動，緊跟時代潮流，做新時代的開拓者。

隨著現代科技的發展，知識勞動者投入就業和從事研究的比例不斷升高，各種專業人才，特別是科技人才、服務管理人才的比重越來越大，高科技研究人才不斷的增多，顯然，現代科技的發展對各種類型人才的素質和品質提出了新的要求。所以我們不能滿足於現狀，應使自己向更深的領域邁進，以適應時代發展的需要。只有不斷的更新知識結構，才能跟上現代社會的步伐。

隨著科學的迅速發展，要求人們更多的掌握科學技術知識，人的知識結構需要不斷更新，賦予新的內容。

社會在飛速發展，要打造一個「全新的自我」，就必須努力掌握各方面的知識與才能。

安排好一天的時間

電腦鉅子羅斯．佩羅說：「凡是優秀的、值得稱道的東西，每時每刻都處在刀刃上，要不斷努力才能保持刀刃的鋒利。」

在現實生活中，許多人都會為「把什麼放在第一位」而煩惱。這正如法國哲學家布萊茲．帕斯卡所說：「把什麼放在第一位，是人們最難懂得的。」

對許多人來說，這句話不幸被言中，他們完全不知道怎樣把人生的任務和責任按重要性排列。他們以為工作本身就是成績，但這其實是錯誤的。

譬如說，我們在學校學習的過程中，最缺的是什麼？可能許多人都有同感，我們最缺的就是錢。在這個時期，我們可以認為，對於我們的一生而言，學習對我們是最重要的，但卻不是最緊急的，而錢對我們是緊急的（我們會舉出許多理由，如我們已經長大了，不想要父母的錢等等），但卻不是最重要的。在這個十字路口，我們選擇什麼？對這個問題，不同的人有不同的選擇。有的早早就選擇棄學從商，有的依然選擇在校學習，而更糟糕的是，無論是選擇棄學從商的還是在校學習的，他們都不知道自己在做什麼。

這個例子看來真是再明顯不過了，許多人在處理我們日常生活的方方面面時，的確分不清哪個更重要，哪個更緊急。這些人以為每個任務都是一樣的，只要時間被忙忙碌碌的打發掉，他們就打從心裡高興。他們只願意去做能使他們高興的事情，而不管這個事情有多麼重要或多麼緊急。

懂得生活的人都明白輕重緩急的道理，他們在處理一年或一個月、一天的事情之前，總是按分清主次的辦法來安排自己的時間。

電腦鉅子羅斯．佩羅說：「凡是優秀的、值得稱道的東西，每時每刻都處在刀刃上，要不斷努力才能保持刀刃的鋒利。」羅斯認知到，人們確定了事情的重要性後，不等於事情會自動辦得好。你或許要花大力氣才能把這些重要的事情做好。而始終要把它們擺在第一位，你肯定要費很大的勁。下面是有助於你做到這一點的三步計畫：

第一步，估價。首先，你要用上面所提到的目標、需要、回報和滿足感四原則對將要做的事情做一個估價。

第二步，去除。這裡的去除指的是去除你不必要做的事，把要做但不一定要你做的事委託別人去做。

第三步，推斷。記下你為達到目標必須做的事，包括完成任務需要多長時間，誰可以幫助你完成任務等資料。

什麼能給人最大的滿足感？有些人認為能帶來最高回報的事情就一定能給自己最大的滿足

直接目標法

愛因斯坦也大推的成功法，幫你甩開拖延症

感。但並非任何一種情況都是這樣。無論你地位如何，你總需要把部分時間用於做能帶給你滿足感和快樂的事情上。這樣你會始終保持生活熱情，因為你的生活是有趣的。

伯利恆鋼鐵公司總裁查爾斯．施瓦布曾會見效率專家艾維．利。會見時，艾維．利說自己的公司能幫助施瓦布把他的鋼鐵公司管理得更好。施瓦布承認他自己懂得如何管理，但事實上公司不盡如人意。可是他說自己需要的不是更多知識，而是更多行動。他說：「應該做什麼，我們自己是清楚的。如果你能告訴我們如何更好的執行計畫，我聽你的，在合理範圍之內價錢由你定。」

艾維．利說可以在十分鐘之內給施瓦布看一樣東西，這東西能使他的公司的業績提高至少百分之五十。然後他遞給施瓦布一張空白紙，說：「在這張紙上寫下你明天要做的六件最重要的事。」過了一會兒，艾維．利又說：「現在用數字標明每件事對於你和你的公司的重要性次序。」這花了大約五分鐘。艾維．利接著說：「現在把這張紙放進口袋。明天早上第一件事是把紙條拿出來，做第一項。不要看其他的，只看第一項。著手辦第一件事，直至完成為止。然後用同樣方法對待第二項、第三項……直到你下班為止。如果你只做完第一件事，不要緊。你總是做著最重要的事情。」

艾維．利接著說：「每一天都要這樣做。你對這種方法的價值深信不疑後，讓你公司的人也這樣做。這個試驗你愛做多久就做多久，然後寄支票來給我，你認為值多少就給我多少。」

談話過程歷時不到半個鐘頭。幾個星期之後，施瓦布向艾維．利寄去一張兩萬五千元的支票，還有一封信，施瓦布在信上說，那是他一生中最有價值的一課。

把事情按先後順序寫下來，定個進度表。把一天的時間安排好，這對於你成就大事是很關鍵的。這樣你可以每時每刻集中精力處理要做的事。

領悟時代的變化

真正時尚的永遠是那些「早晨八九點鐘的太陽」們。假如你過了「正午」，只要你能夠調整好心態，提高對時代的認知能力，也就不會有太多的抱怨和苦惱了。

在當今豐富多彩的生活中，我們聽到和看到的最多的兩個字就是「時尚」。隨著人們生活水準的提高，無論是居家、穿戴、吃喝、娛樂等，都講究「時尚」兩個字。時尚這個標誌著新潮、時髦的字眼，打破了許許多多舊的生活習慣和觀念。

不要忍受不了報紙雜誌上那些用許多網路流行語寫成的文章了，不要認為那是空虛無聊的、虛偽的。其實，你看不慣、讀不懂，忍受不了的東西已形成這個社會時下的主流，一個人能否順應時代的潮流，關鍵在於自己是否領悟到了時代的變遷。

小劉結婚已經三年了，他最怕每週末被他那位上班族老婆押到商場逛一回。除了拎包、付錢之外，他還得在錢包和老婆之間找到一個平衡點。

直接目標法

愛因斯坦也大推的成功法，幫你甩開拖延症

事情往往就是這樣，雖然不情願，但形成習慣後，一旦不讓他做，還就不大習慣。眼看著三個月過去了，老婆再沒有押他去商場。剛開始的時候，小劉心裡那種如釋重負的感覺就別提多好了，可慢慢的，他就發現有些彆扭了，因為平時常常有些包裹寄來，可是現在卻沒有了。於是他決定當面與老婆溝通一下，結果被老婆說了一頓，什麼「應該給我一些空間，應該換一種方式生活」等等。

問題似乎有些嚴重了。在以後的日子裡，小劉發現其所在公司的女孩也開始頻頻的收包裹。午餐的話題也由「哪裡哪裡又打折了」變成現在的「某某東西好便宜噢」。看來，這和老婆頗有共同點。後來小劉一打聽，原來她們是在網路上做買賣呢。經高人指點，小劉也找到了一個網站。打開網頁，他才弄明白老婆的「換一種方式生活」是怎麼回事。

於是，小劉在不知不覺之間，竟然也時不時的上那個網站。結果，昨天是他老婆生日，他從網路上買了一套性感的內衣給她。透過小劉的故事，我們不難明白，一個習慣形成後要改變它，雖然有些彆扭，可是改變一個習慣後，去接受新鮮事物，又形成另一種入時的新的習慣，就會感覺到生活另有滋味。

在現實生活中，當那些你看不慣、讀不懂、忍受不了的東西仍然在你的眼前飛揚的時候，你應該靜下心來想一想，為什麼生活會變成這樣？時代變了，思想觀念也要變。一個人的思想、行為、生活方式是否符合社會的時尚，則看你是否具備超前意識了。

事實上，真正時尚的永遠是那些「早晨八九點鐘的太陽」們。假如你過了「正午」，只要你

能夠調整好心態，提高對時代的認知能力，也就不會有太多的抱怨和苦惱了。

在瞬息萬變的資訊時代，每個人都應該順應時代潮流，爭作生活的前衛，以一種平常心態坐看雲起雲落。即使當不成生活的主角，做個生活的配角也不錯，這樣你仍會感到生活是美麗多姿的。

時刻關注本行業發展動態

比爾．蓋茲說：「我之所以能夠成功，那是因為我一貫堅持做好兩方面的工作。第一方面，我十分專注於自己所從事的工作；第二方面，我時刻關注著行業的發展動態。」

每個事物、每個行業都有其自身的發展規律，在不同的經濟時期，要根據行業的發展趨勢做出相應的調整。

微軟公司的創始人比爾．蓋茲是世界上最富有的人，是在世界資訊技術領域開足馬力前進的成功人士。那麼，比爾．蓋茲為何能取得如此大的成就呢？

在一次和美國大學生的聚會中，比爾．蓋茲十分誠懇的說：「你們當中的許多人都比我更加優秀，我相信只要你們肯努力，你們之中肯定會有人超越過我的。」

聽了這話，學生們大惑不解，莫非比爾．蓋茲不肯透露他的成功祕訣？

直接目標法

愛因斯坦也大推的成功法，幫你甩開拖延症

一位學生十分直率的問道：「請問比爾先生，你能夠告訴我們你是怎樣獲得成功的嗎？」比爾．蓋茲微笑著說：「我之所以能夠成功，那是因為我一貫堅持做好兩方面的工作。第一方面，我十分專注於自己所從事的工作；第二方面，我時刻關注著行業的發展動態。」

當時，學生們聽了直搖頭。因為比爾．蓋茲這兩句話太平常了，幾乎是老生常談的東西。其實，任何真理都是樸素的，成功的祕訣也不例外。

美國 IBM 公司一直是大型電腦的生產巨頭。在一九八〇年代小型個人電腦已初見端倪，但 IBM 的領導者並沒有認知到這一點，他們對生產小型電腦不屑一顧。當蘋果、戴爾等個人電腦大行其道，並改變了人們生活的時候，IBM 的腳步已經慢了一拍。

在一九七〇年代以前，美國生產的汽車以寬大、舒適、排氣量大而著名。但隨著能源的逐漸緊缺，一些精明的生產商認知到，小排氣量的節能汽車將越來越受到消費者的歡迎。因此，通用、福特汽車公司立即轉變策略，生產排氣量小的汽車，而克萊斯勒公司卻沒有認知到這一點，依然生產大排氣量的汽車。當第一次石油危機來臨時，小排氣量汽車大受歡迎，通用、福特度過這次危機。而克萊斯勒公司卻損失慘重，大排氣量汽車積壓如山，九個月內企業虧損七億美元，創美國企業虧損最高記錄。

所以說，時刻關注本行業的發展動態是一個行業或團體必備的素質，沒有這一點做任何事情都不會成功。

順應社會潮流的發展

知識和目標相似，都是要向明天看齊的，昨天的知識精華可以保存，明天的新知識也是我們生存所必備的。

毫不誇張的說，現實生活中，網路對於一部分人來講仍是個盲區。

A君一天心血來潮，想學電腦，於是來B君這裡借有關電腦的書籍。

B君開機為他示範了一遍，A君看得興趣盎然。B君站起身來為他找書，他盯著電腦螢幕上的一處汙點，便伸手去抹，不料螢幕突然一黑（螢幕保護裝置啟動，B君設定的是黑色桌布），他嚇了一大跳，忙攤開雙手對B君說：「我什麼也沒動，沒動。」B君淡淡的掃了他一眼說：「我知道你沒動，要不螢幕怎麼會變黑呢。」他以為是反話，提高嗓門說：「真的，我只看見螢幕上有一塊髒汙，想替你抹乾淨，還沒碰著呢，就壞了，真的沒碰著，你看，這裡有塊髒汙，我想替你擦了。」

說著，他又用手指在螢幕上尋找那塊汙點，不想手臂碰到了滑鼠，螢幕一亮，畫面出現，他又嚇了一跳，非常奇怪的看著螢幕，不知所措。忽然他好像明白了什麼，伸出手指向螢幕一個勁的點，居然沒反應。他緩緩放下手，茫然的看著B君說：「我……我不學電腦了。」

誠然，當人們自覺自覺不自覺的踏進這個資訊時代時，有多少曾經對語言文字揮灑自如的人，而今在敲敲打打的鍵盤上卻無所適從。隨著時代的變遷，那麼多的新領域有待認識，那麼多的網路知識和網路專用術語有待學習。所以，人的一生需要在不斷的認知和學習中度過，尤其是在這個新舊更迭迅速的時代裡，養成良好的求新上進的學習習慣是非常必要的。

只有守舊的腦袋，沒有一成不變的知識。如果不及時更新知識，說不定哪天你就會被你的公司所淘汰。就目前來講，生存的空間在變小，競爭的激烈程度在升溫，誰都想成為時代的寵兒，沒有誰會因自己被時代淘汰，成為社會的棄兒而興奮。而如果對新的知識不感興趣，那麼你離棄兒的境遇也就不遠了。

知識和目標相似，都是要向明天看齊的，昨天的知識精華可以保存，明天的新知識也是我們生存所必備的。必須要有超前的意識和眼光，必須在新知識的領域裡求取上進。知識的更新，是人類提高知識的機會。誰最先領悟了這些知識，誰就領導了時代的潮流，誰也就理所當然的走在了時代的最前面。

只要我們以一種進取的心態，迎接新知識和新科學的挑戰，我們就一定能夠順應時代的發展，與時代共同進步。

好好思考你的現在

成功者很清楚，按階段、有步驟的設定目標是如何重要。成功者之所以成為成大事者，最重要的原則——成大事是在一分一秒中累積起來的。

目標不僅使我們的行動有依據，人生有意義，而且還能激勵我們的鬥志，開發我們的潛能。這彷彿是個定律。

在人生的前方設定一個目標，並且把它不僅當作理想，同時也把它當作是一個約束，就像跳高，只有設定一個高目標，才能跳出好成績來。

你為自己的人生設立了什麼目標呢？

事實上，大多數人所度過的一生是無意義無目標的人生。他們只是日復一日、年復一年的打發光陰，他們除了一天老似一天外，別的什麼變化也看不到。人生的失敗者在其一生中從未達到過自我解放，從未做過給自己一個人身自由的決斷。他們去工作是為了看看世上又發生了什麼事情。他們寶貴的時間和精力，都浪費在觀看別人如何實現別人的目標上了。

而那些成功者往往從起步時就有了奮鬥目標：應該成為一個什麼樣的人？最終想得到什麼？當自己離世以後，能為後者留下些什麼？——成大事者思索，並且表達。

成功者很清楚，按階段、有步驟的設定目標是如何重要。「五年計畫」，「一年計畫」，「六個月達標」，「本年度冬季運動會的目標」等等。然而，成功者之所以成為成大事者，最重要的原則——成大事是在一分一秒中累積起來的。

一個成功者的目標，對自己和家庭，從現實利益到長遠利益都應是周全的。

目標，應該是明確的。怎樣才能進行積極的「目標設定」呢？其祕訣就在於明確規定目標，

直接目標法

愛因斯坦也大推的成功法，幫你甩開拖延症

將它寫成文字妥為保存。然後彷彿那個目標已經達到了一樣，想像與朋友談論它，描繪它的具體細節，並從早到晚保持這種心情。

人生大目標是人生大志，可能需要十年、二十年甚至終生為之奮鬥。這樣的大目標的設定是很難精確詳細的。尤其是對經驗不足、閱歷不深的人來說，更是如此。但隨著成大事者經驗的增加，階段性的中短期目標的實現，人會站得更高，這樣對人生大目標的確會逐漸清晰明確。

心理學研究表明，太難和太容易的事，都不容易激起人的興趣和熱情，只有比較難的事，才具有一定的挑戰性，才會激發人的充滿熱情的行動。目標是現實行動的指南，如果低於自己的水準，做些不能發揮自己能力的事情，則不具有激勵價值；但如果高不可攀，拿不出一項切實可行的計畫來，不能在一兩年內明顯見效，則會挫傷人的積極性，反而產生消極作用。

那麼如何掌握一個合適的程度呢？情況完全因人而異。個人的經驗、素養水準和現實環境的條件是我們制定短期目標的依據。

比如建房屋，在經驗不足時，可先做小房子，當有蓋大房子的經驗時，便可超出常規蓋大房子，蓋摩天大樓。如果完全沒有蓋小房子的經驗，卻突然要制訂蓋大房子的目標，這就不現實可行了。

設定目標，是我們成功的重大起步，必須配合具體的行動計畫做充分的思考。目標將是我們行動的指南，如果目標錯了，我們就會走錯路，做無用功，浪費我們的寶貴時間和生命。因此，無論如何，我們不能在設立目標時草率行事。

西方有句諺語：「用一天好好思考，勝過一週的蠻幹徒勞。」設立目標時，要在自己的閱歷、素質和社會環境條件與需要等諸多因素上反覆琢磨、論證、比較，一定要把它當作人生最重要的事情來做，切勿草率，否則貽害自己。

劃出一段時間用於思考

劃出一段時間，專用於思考，對於成功的吸引財富是十分必要的。

思想能控制行動。只要懂得控制自己的思想，你便可以創造出促使自己成就某事、獲得成就的欲望。

如何將模糊微弱的「願望」轉變成清晰強烈的「欲望」，是一個十分實際而且很深奧的問題。若當真能轉變成功，心中便會萌生一種力量，驅使自己向前行進。

下面是將「願望」轉變成「欲望」，使夢想成真的方法：

首先，將以後一段時間內想做的事情或想要的事物全部列出。

其次，如果你覺得不可能全部列出，可以把太籠統或自忖能力不可及的事項刪去。但基本上仍盡量保留每一項，將可能列出的事情全數記在白紙之上。

最後，寫完之後，你再仔細的從頭看一遍，若發現有即使花上半年時間也不見得能完成的事

直接目標法

愛因斯坦也大推的成功法，幫你甩開拖延症

項，便加以刪除。

原則上，留在表上的事項皆須具備在這一段時間內可以完成的條件。須注意的是，列這張表時，心中必須先有明確的概念，深知自己所追求的到底是什麼。想清楚後，列表時才能依照欲望的強度大小決定各事項的順序。

而在這種決定順序的過程中，你便不難發現最適合自己的方向及所謂的「第一欲望」。這種列表的方法，對於做決定來說，可以說是最實在的，也是最有效的方法。第一欲望找出後，應清楚的寫在一張明信片大小的紙上，然後把它貼在自己容易看到的地方。譬如：洗臉台旁、床頭或桌子前方等。

如此繼續一段時間後，相信你會越來越感覺到自己正在逐漸走向目標。

然而，必須注意，這種方法一定需要一段時間後才會顯出它的成績。如果只做個一兩天，你是不可能收到什麼效果的。此外，這種增強欲望強度的方法必須以積極的態度從事，否則就沒有意義，而且任何一絲消極的意念，皆有可能使你前功盡棄。

而你持續做的結果是，經過四五個星期後，透過你的眼睛，卡片上的文字逐漸產生了變化——原本單純的夢想已經變成強烈的欲望，這便奠定了你邁向成功的第一步。史坦利在美國伊利諾州退役軍人管理醫院療養。在那裡，他偶然發現思考的價值。經濟上他是破產了，但在他逐漸康復期間，他擁有大量的時間，他想到了一個主意。史坦利知道：許多洗衣店都把剛熨好的襯衫折疊在一塊紙板上，以保持襯衫的硬度，避免皺紋。於是他向幾個洗衣店寫了幾封信。

從回信中獲悉這種襯衫紙板每千張要花費四美元後，他的想法是：以每千張一美元的價格出售這些紙板，並在每張紙板上登上一則廣告。登廣告的人當然要付廣告費，這樣他就可從中得到一筆收入。史坦利有了這個夢想，就設法去實現它。出院後，他就投入了行動。

由於他在廣告領域中是個新手，他遇到了一些問題。但是，雖然別人說「嘗試發現錯誤」，但對史坦利而言，「嘗試導致了成功」。史坦利繼續保持他住院時所養成的習慣：每天花一定時間從事學習、思考和計劃。

此後，他決定提高他的服務效率，增加他的業務。他發現襯衫紙板一旦從襯衫上被撤除後，就不會被洗衣店的顧客所保留。於是，他給自己提出這樣一個問題：「怎樣才能使許多家庭保留這種登有廣告的襯衫紙板呢？」解決的方法展現於他的心中了。他在襯衫紙板的一面，繼續印一則黑白或彩色廣告，在另一面，他增加了一些新的東西——一個有趣的兒童遊戲，一個供主婦用的家用食譜，或者一個引人入勝的故事。

有一次，一位男子突然抱怨他的一張洗衣店的清單不見了。後來，他發現他的妻子把它連同一些襯衫都送到洗衣店去了，而這些襯衫他本來還可以再穿穿。他的妻子這樣做僅僅是為了多得一些史坦利的食譜。

然而，史坦利並沒有就此停止不前。他雄心勃勃，不斷的擴大著他的業務。

精心安排的一段思考時間，給史坦利帶來了可觀的財富。他發現：劃出一段時間，專用於思考，對於成功的吸引財富是十分必要的。

只有在十分冷靜的情況下，我們才能想出最卓越的主意。當你抽出一段時間從事思考時，不要以為你是在浪費時間。思考是人類建設其他事物的基礎。如果你能把你的時間的百分之一用於學習、思考與計劃，那麼，你達到目標的速度將是驚人的。

掌握社會發展的快節奏

英國教育家說：「時間有限，不只由於人生短促，更由於人事紛繁。我們應該力求把我們所有的時間去做更有益的事情。」

當今世界是資訊爆炸的世界，而資訊離開了「快」其價值就不免七折八扣，甚至等於零。而對於一個資訊獲得的遲早，就可能使一些企業財運亨通或倒閉破產。科學技術上一個新發現或發明公布的先後，可能影響到首創權，或者專利的歸屬。

快，是現代社會的一大特點。據載，曾經在英、美最暢銷的三本書中，有一本為《一分鐘經理》。這個「一分鐘經理」有兩個奧祕，第一個叫「一分鐘批評」，第二個是「一分鐘表揚」。何謂「一分鐘批評」？即如果職員做錯了事，經理在核對事實後馬上找職員談話，準確的指出該職員的錯誤所在，並與他一起感受犯錯誤的滋味，並期待他不再犯同樣的錯誤，整個過程只有一分鐘。所謂「一分鐘表揚」，也大體如此，即職員做對了，經理會馬上表揚，精確的指出做對了什麼，並和職員一起享受成功的喜悅，然後予以鼓勵，一共用一分鐘的時間。

快節奏工作的第一法則是具備動力。懂得如何去聚集它、如何去節儉的集中的使用它固然重要，但首先必須具備它。

社會學家帕金森在《帕金森定理》一書中指出，如果高級科技人員的時間過剩，就會使他們產生不信任感，以致去開拓那些有害的時間來消耗自己，或者成為一個做什麼都慢慢吞吞的慢性子。但時間過剩並不可怕，它是正常的，因為任何人對於時間的需求絕不可能是始終如一的。關鍵在如何控制時間使它及時的向有利方面轉化。

據報載，某百貨股份公司在某一年年初耗資向氣象局買下了全年的長短期機率性氣象預報，並以這些颱風下雨、高溫寒流等資訊作為公司經營決策的一項參考指標。他們從預報中得知，當年高溫天氣將提前來到。於是該公司提前將太陽眼鏡大量上架；水上用品系列也提前推出；另外，他們還把服裝、床上用品等商品提前一至兩個月換季。由於對氣溫趨勢把握得當，該公司在這一企業行為上收益可觀。

現在人們所知道的八十／二十規律也稱為帕列托法則，是英國經濟學家帕列托提出的。其內容很簡單，例如：公司的推銷員，成績最好的百分之二十的成員，其工作量占全體推銷員的百分之八十；電視觀眾把全部收看時間的百分之八十，用於收看收視率最高的百分之二十的節目等等。現在生活中的許多事物，大體符合這一規律。實際上，多數人並不追究帕列托法則提出的比例是否正確，只是因為它提出的大致目標，用來衡量辦事的效率很便利，所以才廣為人們所採用。帕

直接目標法

愛因斯坦也大推的成功法，幫你甩開拖延症

列托法則是一個極其重要的運籌時間的辯證法則，它簡單明確的告訴我們時間應耗費在哪裡，而在哪些事情上又應該「珍惜」。

英國教育家說：「時間有限，不只由於人生短促，更由於人事紛繁。我們應該力求把我們所有的時間去做更有益的事情。」

只要你思路開闊，頭腦靈活，善於捕捉有價值的資訊，那麼，能幫助你發展事業的資訊，將無處不在。

第二章　大目標可以使你更加明晰任務，產生動力

有了目標，對自己心目中喜歡的世界便有一幅清晰的圖畫，這樣你才會集中精力和資源於你所選定的方向和目標上。

讓目標導引行動的方向

想要使生活有所突破，到達很新且很有價值的目的地，首先一定要確定這些目的地是什麼。只有設定了目的地，人生之旅才會有方向、有進步、有終點。

有許多人對於工作、事業都缺乏明確的目標，他們就像地球儀上的螞蟻，看起來很努力，總是不斷的在爬，然而卻永遠找不到終點，找不到目的地。同樣，在生活中沒有目標，活動沒有焦點，也會使你白費力氣，得不到任何成就。

許多人把一些沒有計畫的行動錯當成人生的方向，他們即便花了九牛二虎之力，由於沒有明確的目標，最後還是哪裡都到達不了。要攀到人生山峰的更高點，當然必須要有實際行動，但是首要的是找到自己的方向和目的地。如果沒有明確的目標，更高處只是空中樓閣，望不見更不可及。如果我們想要使生活有所突破，到達很新且很有價值的目的地，首先一定要確定這些目的地是什麼。只有設定了目的地，人生之旅才會有方向、有進步、有終點。

有一個生長在舊金山貧民區的小男孩，從小因為營養不良而患有軟骨症，在六歲時雙腿變成「弓」字型，小腿嚴重萎縮。然而在他幼小的心靈裡一直藏著一個除了他自己，沒有人相信的夢——那就是有一天他要成為美式足球的全能球員。

當時的明星吉姆．布朗是他的偶像。他十三歲時，有一次在克里夫蘭布朗隊和四九人隊比賽之後，在一家冰淇淋店裡終於有機會和心中的偶像面對面的接觸，那是他多年來所期望的一刻。

他大大方方的走到這位大明星的跟前，說道：「布朗先生，我是你最忠實的球迷！」

吉姆．布朗和氣的向他說了聲謝謝。這個小男孩接著又說道：「布朗先生，你曉得一件事嗎？」吉姆轉過頭來問：「小朋友，請問是什麼事呢？」男孩一副自若的神態說道：「我記得你所創下的每一項記錄、每一次的布陣。」

吉姆．布朗開心的笑了，然後說道：「真不簡單。」這時小男孩挺了挺胸膛，眼睛閃爍著光芒，充滿自信的說道：「布朗先生，有一天我要打破你所創下的每一項記錄！」

聽完小男孩的話，這位美式足球明星微笑的對他說道：「好大口氣，孩子，你叫什麼名字？」小男孩得意的笑了，說：「布朗先生，我的名字叫奧倫索．辛普森，大家都管我叫O．J。」

奧倫索．辛普森日後的確如他少年時所說的，在美式足球場上打破了吉姆．布朗所寫下的所有記錄，同時更創下一些新的記錄。

目標何以能產生如此動力，改變一個人的命運？又何以能夠使一個行走不便的人成為傳奇人物？可見，要想把看不見的夢想變成看得見的事實，首先做的事便是制定目標，這是人生中一切成功的基礎。

明確的目標會導引我們行動的方向，否則我們在生活中就像無頭蒼蠅一樣到處亂竄。當我們有了目標與方向，就有理由使自己不斷前進，不斷成長，開創新天地，發揮創造力。要設立目標需要努力自律，一旦建立好了目標，就需要更努力的透過夜以繼日的工作來逐步實現。而督促人生的航標不脫離目標以及不斷給自己設定新的目標，又需要更多的努力和自律。光有目標並不能

直接目標法

愛因斯坦也大推的成功法，幫你甩開拖延症

使我們不斷朝前邁進，還要有行動的計畫配合才行。目標的樹立是使我們明確方向，而行動計畫則告訴我們該怎麼做、做什麼，才能到達我們想要去的地方。

你要清楚你自己是什麼樣的人，搞清楚自己的真正需要，樹立起明確的目標，並培養出強烈的動機和熱情，朝你心中嚮往的那個方向前進，這是你對自己的挑戰，與其他任何人都無關。你必須面對現實，生活中每一件值得獲取的事——冒險、輕鬆的心情、愛、精神上的成就、友誼、滿足與愉快——都有代價，任何能使你的生存更有價值、生活更有意義的事都需要付出努力、時間、心血和行動。成功與不成功之間的距離，並不如大多數人想像的是一道巨大的鴻溝。成功與不成功往往只差別在一些小小的事情上，諸如每天花五分鐘閱讀、多打一個電話、多努力一點、在適當時機的一個表現、表演上多費一點心思，多做一點研究。

在實現目標的過程中，你必須與自己做比較，看看明天有沒有比今天更進步——即使只有一點點。

看清時下的經濟趨勢

經營事業的你不能只想著獨善其身，一定要了解社會經濟的大趨勢，甚至是全球經濟的大趨勢。因為，正確的判斷對於生意的進退有很重要的意義。

對社會經濟形式預測的正確或錯誤，會直接或間接的影響事業的發展成敗。因此，經營事業的你不能只想著獨善其身，一定要了解社會經濟的大趨勢，甚至是全球經濟的大趨勢。

經濟景氣時，行行都人旺，樣樣生意都有可為，只要有才能，懂得怎樣做生意，黃金似乎處處有得「撿」。相反，經濟大勢不妙，各國的經濟紛紛倒退，這時，大多數行業都會面臨需求不足的壓力。購買力減弱使各類生意紛紛收縮，這時想賺錢就變得很難。

不管你做什麼事業，經營的規模有多大，經濟大趨勢的影響都舉足輕重。很多在經濟變化劇烈時創業的人，由於對經濟發展大勢了解不夠，以致應進不進，應退不退，有錢賺不到，錯過機會，有危機化解不了，損失慘重。例如，經濟處於低谷時，購買力疲弱，房市冷清，股市人持觀望態度。這時候，你就要留意社會經濟在什麼時候有起色。

假如你開了店，只要打開門，無論有沒有生意上門，租金和薪酬等費用都要支付。如果可預見的未來預示經濟不景氣，守下去只有虧本，那麼，就要對是否要暫時結束或是縮減經營的規模做出決定，否則一路拖延下去，可能損失慘重。如果你認為經濟會很快再起，現在只是暫時現象，到時候，那些欠缺遠見的都停業轉產了，你就可以突然搶到有利地位，賺取較高的利潤。

你必須具備一定的判斷經濟大勢的能力，正確的判斷對於生意的進退有很重要的意義。

放棄不現實的目標

英國政治家伯克說：「無法付諸實現的事物，是不值得我們去追求的。在這個世界上，若是經過了解以及正確的追求而仍然無法得到的東西，那麼這種東西對我們毫無益處可言。」

人生中的失敗有時並不是由於你的能力、學識的不足，而是由於你錯誤的選擇了目標，而失敗正是給予了你一個重新思考，看清任務的機會。

安德魯是美國著名不動產經紀人，他最初是葡萄酒推銷員，這是他的第一份工作，他不知道還能做什麼，於是他認為自己的目標就是「賣葡萄酒」。

最初他為一個賣葡萄酒的朋友工作，接著為一名葡萄酒進口商工作，最後和另外兩個人合作辦起了自己的進口業務，這並非出自熱情，而是因為，正如他自己所說：「為什麼不？我過去一直在賣葡萄酒。」但他們的生意越來越糟，可安德魯還是拚命抓住最後一根稻草，直到公司倒閉。他之所以不改行，是因為他不知道自己還能做什麼。

他遭到的這次失敗迫使他去上一門教人們如何開業的課，他的同學有銀行家、藝術家、汽車修理工人，他逐漸認識到這些人並不認為他是個「賣葡萄酒的」，而認為他是個「有才能的人」、「能力強大的人」，他們對他的看法使他拋棄了原來的目標。他開始仔細分析、探索其他行業，檢查自己到底想幹什麼。最後，他選擇了和夫人一起發展不動產業務，這使他取得了推銷葡萄酒永遠不能為他帶來的成功。

第二章　大目標可以使你更加明晰任務，產生動力

放棄不現實的目標

據行業學家研究，一個人一生中至少要經過兩三次變換，才能最後找到適合自己特長的事業，而確定自己合理的目標，則需要同樣長的一段時間。十八世紀英國政治家伯克說：「無法付諸實現的事物，是不值得我們去追求的。在這個世界上，若是經過了解以及正確的追求而仍然無法得到的東西，那麼這種東西對我們毫無益處可言。」

人生需要有目標——屬於你自己的目標，不是別人強加在你身上的目標——是你自己的目標。目標必須是你自己的，否則的話，你的努力便對你沒有好處了。身為一個人，你必須澄清你的思想，除去不相干的事件，看清你要達到的目標是什麼。

英國詩人白朗寧在《一個數學家的葬禮》中寫道：實事求是的人要找一件小事做，找到事情就去做；空腹高心的人要找一件大事做，沒有找到則身已故。實事求是的人做了一件又一件，不久就做一百件；空腹高心的人一下要做百萬件，結果一件也未實現。白朗寧的這首詩生動的說明了制定了的目標必須「恰當」、「現實」的重要性。

保羅的妻子請了一位調音師到家來給孩子的鋼琴調一調音，這位調音師還真是個能手，只見他很仔細的鎖緊了每一根琴弦，使它們都繃得恰到好處，而能發出正確的音符。當他完成整個調音工作後，保羅問他要付多少錢，他笑一笑回答說：「還不急，等我下次來的時候再付吧！」保羅不解的問道：「下次？你這是什麼意思？」調音師說：「明天我還會再來，然後一連四個星期每週來一次，再接下來每三個月來一次，共來四次。」他的話弄得保羅一頭霧水，保羅不由得問道：「你說什麼？鋼琴不是已經調好音了嗎？難道還有問題？」調音師清了清喉嚨說道：「我是

調好音了，可那只是暫時的，如果要使琴弦持續保持在正確的音符上，就必須繼續『調正』，所以我得再來幾次，直到這些琴弦能始終維持在適當的繃緊程度。」

聽完他的話，保羅不禁心裡嘆道：「原來還有這麼大的學問！」那天保羅著實是上了重要的一課。

因此，如果我們希望目標能維持長久直至實現，那就得像鋼琴的調音工作一樣。一旦我們有了什麼樣的進展就得立即強化，這種強化的工作不能只做一次，而要持續做到目標完成為止。

沿著你自己的路走

不管你在哪裡，不管你面對什麼，「走你的路，讓別人去說吧。」向著目標，心無旁騖的前進。定下了目標，就要沿著它所指的方向前進，而不想其他，不被路旁的風景所誘惑。

美國著名的高空走鋼索表演者瓦倫達，在一次重大的表演中，不幸失足身亡。他的妻子事後說，我知道這一次一定會出事，因為他上場前總是不停的說，這次太重要了，不能失敗，絕不能失敗；而以前每次成功的表演，他只想著走鋼索這件事本身，而不去管這件事可能帶來的一切。

後來，人們就把專心致志於做事本身而不去管這件事的意義，不患得患失的心態，叫做「瓦倫達心態」。對此，美國史丹佛大學的一項研究也表明，人們大腦裡的某一圖像會像實際情況那樣刺激人的神經系統。比如當一個高爾夫球手擊球前如果一再告訴自己「不要把球打進水裡」時，他的大腦往往就會出現「球掉進水裡」的情景，而結果往往事與願違，球大多會掉進水裡。

《神曲》給人印象最深的，就是那一句千古名言。但丁在其導師、古羅馬詩人維吉爾的引導下，遊歷了慘烈的九層地獄後來到煉獄，一個魂靈呼喊但丁，但丁便轉過身去觀望。這時導師維吉爾告誡他說：「為什麼你的精神分散？為什麼你的腳步放慢？人家的竊竊私語與你何干？走你的路，讓人們去說吧！要像一座卓立的塔，絕不因暴風雨而傾斜。」

不管你在哪裡，不管你面對什麼，「走你的路，讓別人去說吧。」向著目標，心無旁騖的前進。

據說在西元前三世紀之時，佛里幾亞的戈耳狄俄斯在其牛車上繫了一個複雜的繩結，並宣告誰能解開它，誰就會成為亞細亞王。自此以後，每年都有很多人來看戈耳狄俄斯的繩結。各國的武士和王子都來試解這個結，可總是連繩頭都找不到。

亞歷山大對這個預言非常感興趣，他也來到那個繫著繩結的牛車旁，他仔細觀察著這個結，許久許久，始終沒找到繩頭，但他突然想到：「為什麼不用自己的行動規則來打開這個繩結？」

於是，他拔出劍來，一劍把繩結劈成兩半，這個保留數百載的難解之結，就這樣輕易的被解開了。

人們在行動中應該只看到目標，這樣就能使人採取最與眾不同的、最有創意、最簡單直接的方式達到目標。

運用直接目標法取得成功

愛因斯坦說：「我把數學分成許多專門領域，每一個領域都能費掉我們所能有的短暫的一生……可是在這個領域裡，我不久就學會了識別出那種能導致深邃知識的東西，把許多充塞腦袋、並使它偏離主要目標的東西撇開不管。」

你能否成為一個成功者，關鍵要看你能否在變化中找到適合自己的目標，否則你就會被所做的事情所耽擱，以致不能有所成就。

你如果也能像成功者一樣行動，有一天，你也會發現自己是那個走得最遠的人。

目標，是一個人未來生活的藍圖，又是人的精神生活的支柱。你能說出自己的人生目標嗎？

愛因斯坦為什麼年僅二十六歲就在物理學的幾個領域做出第一流的貢獻？美國波士頓大學生化教授阿西莫夫為什麼能夠令人難以置信的寫出兩百餘部科普著作？

這難道僅僅是由於他們的天賦嗎？恐怕不盡然。試想，當時愛因斯坦才二十多歲，學習物理學的時間不算長，作為業餘研究者，他的時間更是極為有限。而物理學的知識浩如煙海，如果他不是運用直接目標法，就不可能在物理學的幾個領域都取得第一流的成就。他在《自述》中說：「我把數學分成許多專門領域，每一個領域都能費掉我們所能有的短暫的一生……物理學也分成了各個領域，其中每一個領域都能吞噬短暫的一生……可是在這個領域裡，我不久就學會了識別出那種能導致深邃知識的東西，把許多充塞腦袋、並使它偏離主要目標的東西撇開不管。」

愛因斯坦的直接目標法有如下好處：．因為確定了目標，所以可以早出成果，快出成果。．因為確定了目標，所以有利於高效率的學習，有利於建立自己獨特的最佳知識結構，並據此發現自己過去未發揮的優點，使獨創性的思想產生。．因為確定了目標，可以集中精力，攻其一點，收到成效。

另外，這種直接目標法還可以使大膽的「外行人」毅然闖入某一領域並取得突破。DNA螺旋結構分子模型的發現被譽為「生物學的革命」，是二十世紀以來生物科學最偉大的發現，它的發現者是華生和克里克，兩人當時都很年輕（華生當時僅二十五歲），而且都是半路出家。他們從認識到合作，從決定著手研究到提出DNA雙螺旋結構分子模型，歷時僅僅一年半。

可以說，如果華生他們不是直逼目標，是不可能在如此短的時間內獲得如此巨大的成功的。

你必須這樣做

從明確目標中會發展出自力更生、個人進取心、想像力、熱忱、自律和全力以赴，這些全都是成功的必備條件。

對於成功，不要空有幻想，因為，沒有目標，不可能發生任何事情，也不可能採取任何步驟。如果一個人沒有目標，就只能在人生的旅途上徘徊。

直接目標法

愛因斯坦也大推的成功法，幫你甩開拖延症

正如空氣對於生命一樣，目標對於成功也有絕對的必要。如果沒有空氣，沒有人能夠生存；如果沒有目標，沒有任何人能成功。所以對你想去的地方先要有個清楚的認識。一個人想做成事情，首先要有目標，這是人生的起點。沒有目標，就沒有動力，但這個目標必須是合理的，而且還必須在發展的過程中合理的做出調整，放棄固執，這樣才能走向成功。

進步的企業或組織都有十年至十五年的長期目標。經理人員時常反問自己：「我們希望公司在十年後是什麼樣子呢？」然後根據這個來規劃應有的各項努力。新的工廠並不是為了適合今天的需求，而是滿足五年、十年以後的需求。各研究部門也是針對十年或十年以後的產品進行研究。

人人都可以從很有前途的企業學到一課，那就是：我們也應該計劃十年以後的事。如果你希望十年以後變成怎樣，現在就必須變成怎樣，這是一種重要的想法。就像沒有計畫的生意將會變質（如果還能存在的話），沒有生活目標的人也會變成另外一個人。

要確定切實的目標不是很容易的，它甚至會包含一些痛苦的自我考驗。但無論花費什麼樣的努力，它都是值得的。因為那會使你的潛意識開始遵循一項普遍的規律，進行工作。這項普遍的規律就是：「人能設想和相信什麼，人就能用積極的心態去完成什麼。」如果你預想出你的目的地，你的潛意識就會受到這種自我暗示的影響。它就會進行工作，幫助你到達那裡。

如果你知道你需要什麼，你就會有一種傾向：試圖走上正確的軌道，奔向正確的方向。

如果你對你的工作變得有興趣了，你會因受到激勵而願付出努力，你會願意研究、思考和設計你的目標，而你對你的目標思考得越多，你就會越熱情，你的願望就會變成強烈的願望。

如果你對一些機會變得很敏銳了，那麼，這些機會將幫助你達到目標。由於你有了明確的目標，你知道你想要什麼，你就很容易察覺到這些機會。

總是遭遇失敗的人是無法將內心的潛力導向有價值的目標的，他們總是陷入到自毀的溝渠裡，像潰瘍、高血壓、焦慮、抽菸過度、強迫性的工作過度，或不定性、粗暴、嘮叨、挑剔、吹毛求疵的對待別人。

而當你研究那些已獲得連續成功的人物時，你會發現，他們每一個人都各有一套明確的目標，都已訂出達到目標的計畫，並且花費最大心思和付出最大的努力來實現他們的目標。

卡內基原本是一家鋼鐵廠的工人，但他憑著製造及銷售比其他同行更高品質的鋼鐵的明確目標，而成為全美國最富有的人之一，並且有能力在全美國小城鎮中捐蓋圖書館。

他的明確目標已不只是一個願望而已，它已形成了一股強烈的欲望，只有發掘出你的強烈欲望才能使你獲得成功。

從明確目標中會發展出自力更生、個人進取心、想像力、熱忱、自律和全力以赴，這些全都是成功的必備條件。

成功的人能迅速的做出決定，並且不會經常變更；而失敗的人做決定時往往很慢，且經常變更決定的內容。

有很多人從來沒有為一生中的重要目標做過決定；他們就是無法自行作主並且貫徹自己的決定。而事先確定你的目標，將有助於做出正確的決定，因為你可能隨時判斷所做的決定是否有利於目標的達成。

逐一跨越小目標

如果把大目標分解成具體的小目標，分階段的逐一實現，你就可以嘗到成功的喜悅，繼而產生更大的動力去實現下一階段的目標，分階段的成功加起來就是最後的成大事者。

沒有目標的人註定不能成功，但如果目標過大，你應學會把大目標分解成若干個具體的小目標，否則，很長一段時間達不到目標，就會讓你覺得非常疲憊，繼而容易產生懈怠心理，甚至可能會使你認為沒有成功的希望而放棄你的追求。

如果把大目標分解成具體的小目標，分階段的逐一實現，你就可以嘗到成功的喜悅，繼而產生更大的動力去實現下一階段的目標，分階段的成功加起來就是最後的成大事者。一九八四年，在東京國際馬拉松邀請賽上，名不見經傳的日本選手山田本一出人意料的奪得了世界冠軍。當記者問他憑什麼取勝時，他只說了「憑智慧戰勝對手」這麼一句話，當時許多人認為這是山田本一在故弄玄虛。兩年後，在義大利國際馬拉松邀請賽上，山田本一再次奪冠。記者又請他談經驗，性情木訥的山田本一還是那句話：用智慧戰勝對手。許多人對此迷惑不解。

後來，山田本一在自傳中解開了這個謎，他是這麼說的：「每次比賽前，我都要搭車把比賽的路線仔細看一遍，並畫下沿途比較醒目的標誌，比如第一個標誌是銀行，第二個標誌是紅房子……這樣一直畫到賽程終點。比賽開始後，我以百米的速度奮力向第一個目標衝去，等到達第一目標後，我又以同樣的速度向第二個目標衝去。四十多公里的賽程，就被我分成這麼幾個小目標輕鬆完成了。最初，我並不懂這樣的道理，我把目標定在四十公里外的終點線上，結果我跑到十幾公里就疲憊不堪了，我被前面那段遙遠的路程給嚇倒了。」

做事情半途而廢的人，並不是因為困難大而放棄，而是因為距離成功較遠，正是這種心理上的因素導致了失敗。把長距離分解成若干個距離段，再逐一跨越它，就會輕鬆許多，而目標具體化可以讓你清楚當前該做什麼，怎樣能做得更好。

生活中，有人說：「我將來長大要做一個偉人。」這個目標太不具體了。就像我們小時候寫作文，題目是將來長大要做什麼？有的同學就說：「我長大了要做總統。」這個目標就有點不太具體，太籠統了。

目標必須具體，比如你想把英文學好，那麼你就定一個目標，每天一定要背十個單字、一篇文章，要求自己在一年之內能看懂英文報。由於你定的目標很具體，並能按部就班去做，目標就容易達到。

把積極的成功精神一以貫之

當一個人選擇了對自己的人生採取積極計劃的態度的時候，而不是被自己的欲望牽著走，那麼他就已經開始向成功邁進了。

目標的實現有賴於計劃，當一個人選擇了對自己的人生進行計劃的時候，可以說基本上就選擇了成功。而假如包括生兒育女這樣的事情在內的若干細節，都能夠採取積極計劃的態度，而不是被自己的欲望牽著走，那麼他就已經開始向成功邁進了。

女性心理形象與形象資訊中心創始人及總裁蘿絲女士常常教育她的員工：「無論如何，一個人要想成功，就必須先制定自己的目標，不管是你終生追求的成就或是一年之後，一個月之後甚至明天將要做的事，就應該記住在心中把它確定。」

對於她的成功歷程，她說：「我以前也是一個很普通的女性，但我看到越來越多的女性渴望成功，而又沒有專家為她們提供諮詢服務時，我就定下了一個目標：一定要建立一個專業女性諮詢服務中心，為那些在迷霧中掙扎的女人伸出援助之手。「之後我又定了一些小的目標，一步步的做起，先後在歐洲、非洲、中東等地區建立起了我的諮詢公司，結果我很高興我已經基本實現我的目標了。「我的感覺就是：這些目標就像是一盞夜航中的明燈，不斷的指引我向前；就像是牽引著我命運的繩索，一步步將我導向成功。」

追求成功的人，無論是在生活中還是工作上，都應把積極的成功精神一以貫之並始終不渝。

凱薩琳女士是美國一家公司總裁，但她從小的生活經歷非常坎坷，她幼年就失去了雙親，被一位親戚撫養，但她的監護人卻將她作為一個女傭來對待，她的童年充滿了辛酸。在艱難的生活中，凱薩琳也曾絕望，也曾喪失信心，甚至還有過輕生的念頭。但她最終堅持了下來，她下定決心，以後一定要做出一番事業，擺脫這種人生的窘境。

這樣，她毅然離開了這個名不符實的「家」，獨自去闖蕩天下。在這之後，她被人笑過，被人騙過，被人拋棄過，但每當遇到困難時，她就會想起以前的生活和給自己定下的人生目標，於是她頑強的堅持了過來。

最終，她取得了成功，雖然經過了幾十年長久的奮鬥，但她終於實現了自己的目標。如今，她所創立的公司已在歐洲、中東、亞洲建立了十幾個分部，成了一個小有名氣的金融投資公司。

每個人都想實現心中的夢想，成為傑出人物，但是，並不是所有的人都能脫穎而出，成為傑出的佼佼者，這其中的原因大多是沒有將這種欲望與夢想明確為具體的人生目標。

因此，你要確立具體的目標，它能夠幫助你將夢想的不確定性消除，使你前進的道路變得有序和清晰，使每一階段的任務都一層層被推開展現在你的面前，使你清楚如何去完成。

鍥而不捨的堅持終會成功

成功屬於那些充滿自信、鍥而不捨的追求者。他們永遠全身心的投入、永遠保持著高度的熱忱。懂得了這個道理，才會成功。

成功不能一蹴而就，它需要一個過程。在這個過程中，你必須依靠日積月累的辦法，最終，這些不斷的努力才會像涓涓細流匯聚為勢不可擋的洶湧波濤，而且有的時候，成功的到來要比你預計得要早。

著名管理學家說：「成功屬於誰？屬於那些充滿自信、鍥而不捨的追求者。他們永遠全身心的投入、永遠保持著高度的熱忱。當然，要做到不屈不撓並不容易，人人都有脆弱的時候，沒有必要永遠硬著頭皮保持一副硬漢形象。有時候，你的理想會顯得那麼遙不可及，或是看上去只是一個無法實現的幻想。原因很可能在於你自己太急於求成了。這時不妨放慢節奏，循序漸進。成功人士往往總比別人先行一步，日積月累，他們的身後便留下一串超越常人的值得驕傲的業績。懂得了這個道理，才會成功。」詹姆斯在很早以前就一直夢想創作一部關於到外星旅行的科幻系列片。可是，他的這一想法卻沒能得到電視台的支持，因為他們認為詹姆斯的想法過於離奇，不會得到觀眾的認可。在這種情況下，詹姆斯並沒有放棄自己的主張，他認為高品質的科幻片肯定能受到美國電視觀眾的歡迎。如今，距離他的《星球之旅》首播已有三十多年了，這部片子成為美國文化的一部分，劇中的不少台詞也進入了人們的日常用語。《星球之旅——未來人類》成為電視網最受歡迎的節目。

雷．查爾斯也是這樣一位不屈不撓的人，他自小雙目失明，十五歲時又失去了雙親。但是，先天的缺陷，後天的不幸，都沒能使他放棄自己的夢想。作為歌手和鋼琴師，他組建了一個三人演唱組，從事心愛的音樂事業。多年努力的結果，使他獲得了巨大的成功。他創造性的將藍調和爵士樂完美的融合在一起，雅俗共賞的美妙旋律征服了包括國王和總統在內的成千上萬的觀眾。

對吉姆．亞伯特來說，不存在「放棄」這個詞。雖然他生理上有缺陷，但他卻沒有因此自暴自棄。一九九二年，他成為棒球歷史上第一位入選一流棒球隊的獨臂投球手。一九九三年，他作為優秀的投球手，加盟紐約洋基隊。

無論你想做什麼事情，你想成為什麼樣的人，這都並不要緊。要緊的是，你在為自己定下成功的目標後要立即開始行動，並鍥而不捨。

關注你現在擁有的東西

失去什麼時，別再去想已經失去的，看一看還剩下什麼。你對既成事實如何看待，決定了你的精神狀態的好壞。

相對於空渺廣遠的宇宙而言，人是微不足道的，正因為如此，生命之火燃燒著的每時每刻

直接目標法

愛因斯坦也大推的成功法，幫你甩開拖延症

才顯得十分珍貴。而只有向理想挑戰，開朗而愉快的、樂觀而勇敢的生活，才能體現出生命的真正價值。

人生有快樂就有苦惱。對於苦惱，我們似乎無法躲避，我們既會因病痛而苦惱，又會因貧困而苦惱；既會因環境髒亂差而苦惱，又會因遭人排擠、誹謗而苦惱；既會因天氣不佳而苦惱，又會因工作任務不能完成而苦惱。然而，雖然我們不能避免苦惱，但卻可以積極的看待它。

一個人在苦惱中掙扎時，往往只認為全世界就自己是個倒楣蛋，就自己一個人掙扎在痛苦中。然而，和你有同樣痛苦的人，世界上有的是。

一位身障兒童的母親說道：「在出席身障兒童大會之前，我一直認為人世間就我一個人背負著這樣的不幸。但是，參加會議時，我詢問其他人後才知道人家背負著比我更大的痛苦，比我更煩惱。我曾經想過和孩子一起死掉算了。現在想來，真是太慚愧了！」

在苦惱時，你要想到還有比自己更為苦惱的人。例如：看看報紙或雜誌上的生活顧問專欄，聽聽廣播裡的人間指南的節目。你會發現，還有人比你更為苦惱。「不要計算已經失去的東西，數數還剩下的東西」，這是英國羅德曼博士的一句名言。人一生所有的一切，是因人的思維而決定的。

失去什麼時，別再去想已經失去的，看一看還剩下什麼。但抱有這種思維習慣的人太少了。正如詩人丁尼生所說「從失望中不會產生任何東西」，總去想那些已經失去的東西，這種悲觀主義者，怎能不被苦惱纏身呢？你對既成事實如何看待，決定了你的精神狀態的好壞。

是注意已經失去的東西，還是珍惜仍存在的東西？習慣於運用哪一種思考方式，能決定你的人生是灰暗、憂鬱的，還是明朗、愉快的。積極的看待一切，這種思維方式是保護你自己不受困擾、不受傷害的強大武器。只要擁有這一武器，就能夠在人生的各式各樣的考驗中獲取勝利。

直接目標法

愛因斯坦也大推的成功法，幫你甩開拖延症

第三章　大目標可以使你更好的把握重點

沒有目標，我們很容易陷入跟理想無關的現實事務中，一個忘記最重要事情的人，會成為瑣事的奴隸。

堅定的把握住想得到的東西

在你充滿信心的追求一個目標時，會有很多事情發生，但只要堅定自己的目標，這些事情就會成為你獲得成功的有利因素。

如果你非常想得到某件東西，你就必須把它作為自己堅定的目標。在你充滿信心的追求一個目標時，會有很多事情發生，但只要堅定自己的目標，這些事情就會成為你獲得成功的有利因素。

凱蒂喜歡她的馬——安東尼，她一連花了幾個星期來清洗、裝扮、和訓練這匹馬，就為了這次大型展示活動。

這一天，她凌晨三點就爬了起來，替安東尼梳洗裝扮，她從頭到腳幫牠修飾了一番，一絲一毫都沒放過。安東尼的鬃毛被編成了漂亮的辮子；牠的尾巴修飾得像一件藝術品；牠的皮毛像擦亮的金屬一樣閃閃發亮；牠的蹄子在陽光照耀下閃閃發光；還有馬籠頭、韁繩、馬鞍，都被擦洗得乾乾淨淨。凱蒂的裝扮也毫無瑕疵，她像個嬌小可愛的洋娃娃一樣走進了大會的賽場。

而在比賽時，安東尼在該跳的時候卻沒有跳。事實上，牠甚至連蹦都沒蹦一下。凱蒂的馬由於命令下了三次都沒有跳，便被取消了資格。這對凱蒂來說，就意味著消耗了自己大量心力的辛苦工作都付之於流水，贏得綬帶的夢想已成空。

但是，凱蒂沒有放棄，她要從頭開始，找回她想要的東西。凱蒂．梅爾，這位十六歲的小女生，決心挽起她的袖子，重新去贏得她想要的東西——一匹可以奪冠軍的馬。她替安東尼標了一個價碼，經過一番交易，她終於如願以償。她把這筆錢存入銀行，開始尋找另一匹理想的馬。

她拜訪當地的馬房，參觀當地的展覽，閱讀每一份能得到的有關馬的資訊的印刷品，最後她終於得到一匹漂亮但有點「嫩」的馬——唐納德。凱蒂和唐納德第一次相見，便互相喜歡上了對方——但還有個小問題，買唐納德所需要的錢，要遠遠超過凱蒂轉讓安東尼所得的錢。但凱蒂堅決不要爸爸和媽媽的支援。

出現這樣的情況也沒有阻止她繼續向前。因為她認為：如果你想要什麼東西就必須去做。為了買下唐納德，她用轉讓安東尼得來的錢作為底金，然後列出一個湊齊那筆錢款的計畫，她找到了一份工作，用賺來的錢付清了帳目。她還找來行家幫助她訓練唐納德，一切費用自己支付。

凱蒂和唐納德經過長時間的辛苦訓練，他們終於開始贏得綬帶。凱蒂房間的牆壁上掛滿了各種顏色的綬帶，她獲得了比她為唐納德付出多好幾倍的回報。

當你受到挫折時，你可能會撒手放棄，但你若想贏得勝利，你就必須增強信心，堅定的把握住你想要的東西。

掌握目標的進度與方向

要敞開心胸，接受新觀點及隨之而來的新變化，放大自己有限的視野。若非如此，則無法充分發揮潛能，獲得最滿意的成就。

人生中有件事相當無奈：每個人在展開新歷程之時，皆無法確切了解，自己究竟走向何方，無法完全清楚，究竟該如何達成目標。

前進中的人生風景一直在變化，向前跨進，就能看到與初始不同的景觀，再上前去又是另一番新的景象。而要想隨時掌握人生目標的進度與方向，就需要勤奮不懈以及持久的耐心。一個人的注意力很容易被分散，而一直不斷包圍著我們生活中的問題，有時候會令人無法精神集中，等到我們明確知道我們身在何處時，我們的人生目標早已被遺忘，夢想早已被粉碎。

無論是每日、每週或是每月做一次確認工作，都能夠讓人維持在正確的方向。做確認工作意味著你必須和已經成為成功人士的人多多交往、學習。切記，要不斷的找尋那些比你有成就感、在某件事上做得比你優秀的人，向他們學習。

如果你最終的人生夢想是在你的城市創造一個最大而且最成功的企業，隨著歲月流逝，你的知識及經驗都在不斷的成長，也許你會發現，你早期的人生目標在不知不覺中擴展了。你所創立的企業現在是全市或全國最大的且最成功的企業了。而這其中的重點是在你所進行的方向。當失去這個方向的時候，問題將會接二連三的出現。

就好像一個製造電器用品的公司，在連續幾年之中，特別投注心力在某一個特殊產品的領域上，直到公司成為該產業的獨占者為止。而當該公司所生產的特殊產品不再為消費者所需求時，即是該公司應該結束的時候了。這個公司破產的原因就是，該公司將一個非永久有需求的產品帶進了一個有限的市場，整個企業的成與敗都依賴這一產品。因此，你千萬不能將自己的目標局限在某一個可能隨時會結束的方向。

應該選擇一個能夠包容改變，並從改變中吸取經驗、獲得利益的方向，而不要讓其他附屬的或次要的目標，影響或改變了最終的人生目標，它們存在只是為了幫助你早日達成人生目標。

附屬的次要目標在一段時間之後可能會擴展或甚至改變了方向，也可能創造出新的目標或去掉一些目標，因此，在向前奮進時，要有調整方向的彈性。凡未能隨時修正計畫的人，多半是因為自身欠缺安全感，以致前進路上屢屢絆腳。這種人必須改變觀念，不要再誤以為所謂卓越，就是無所不知；要敞開心胸，接受新觀點及隨之而來的新變化，放大自己有限的視野。若非如此，則無法充分發揮潛能，獲得最滿意的成就。在一連串實現夢想的過程中，如果我們有心探求回饋資訊，就可以不斷獲得，並據此修正目標或方法。

一個人如果對自己期待獲得的事物，或正要前進的方向，欠缺明晰的藍圖，就容易把事情變得既複雜又困難，迂迴曲折，白走許多冤枉路。

善於思考，才會以利於取捨

成大事者有時僅僅在於抓住了一兩次被別人忽視了的機會。而機會的獲取，關鍵在於你是否能夠在人生道路上進行果敢的取捨。

可以說，任何一個有意義的構想和計畫都是出自於思考，而且思考得越周密，收益就會越大。一個不善於思考難題的人，會遇到許多取捨不定的問題；相反，正確的思考能產生巨大作用，可以決定一個人應該採取什麼樣的行動。

有一個經常到山裡割草的人，有一次，被毒蛇咬傷了腳。他疼痛難忍，而醫院卻在遠處的小鎮上。於是，他毫不猶豫的用鐮刀割斷受傷的腳趾，然後，忍著巨痛艱難的走到醫院。雖然缺少了一個腳趾，但他以短暫的疼痛保住了自己的生命。

被毒蛇咬傷的人果斷的捨棄腳趾，以短痛換取了生命。在某個特定的時刻，你只有敢於捨棄，才有機會獲取長遠的利益。

正確思考的變化往往蘊含在取捨之間，因為不這樣做，就那樣做，是由一個人的思考力決定的。不少人看似素質很高，但他們因為難以捨棄眼前的蠅頭小利，而忽視了更長遠的目標。成大事者有時僅僅在於抓住了一兩次被別人忽視了的機會。而機會的獲取，關鍵在於你是否能夠在人生道路上進行果敢的取捨。

生活中，我們很可能不小心就做出錯誤的推理，進而得出錯誤的結論。你必須嚴格的要求推理的正確性，也就是嚴格的要求自己要進行正確思考，必須審查你的推理結果，並找出其中的錯誤。

少數正確思考者一直都被當作是人類的希望，因為他們在他們所做的事情上，都扮演著先鋒者的角色，充分施展了他們的優勢。他們創造工業和商業，不斷使科學和教育進步，並鼓勵發明和創造。

如果你是一位正確的思考者，則你就是你情緒的主人而非奴隸。你不應給予任何人控制你思想的機會，你必須拒絕錯誤的傾向。一般人開始時，會拒絕某一項不正確的觀念，但後來因為受到家人、朋友或同事的影響而接受他們的觀念。

因此，請學會思想——思想是一個人唯一能完全控制的東西。因為你的思想會受到周圍環境的影響，所以，你必須憑藉著有利的心理習慣，來控制這些影響因素，這種過程叫做「習慣控制」。控制習慣的過程是不可思議的，它能將你的思考力量轉變成行動。但如果你沒有這種習慣，或所養成的是不良習慣的話，則它可能會給你帶來悲慘和失敗。你的成大事須視你控制習慣的能力和品質而定。

最後，行動可能需要你的心理控制，但是每當你行動一次，你的習慣控制能力就會有所增進，進而使得控制習慣的程序更為根深蒂固。

你的熱忱和你所應用的信心同樣也會鞭策你，如果你能使行動變成一種處於控制中的習慣時，這兩種特質都會有所增進，而在這兩種特質增進的同時，你的成功也將會更快的實現。

認識你的生活重點

愛因斯坦說：「生命會給你所要的東西，只要你不斷的要它；只要你在要的時候講得清楚。」思想使人生美好，換言之，為了使人生更美好，必須有計畫。人生沒有目標和計畫，便會了無生趣。為了成功，你必須及早訂立明確的目標，同時，努力實現它。

愛因斯坦說：「生命會給你所要的東西，只要你不斷的要它；只要你在要的時候講得清楚。」

英國某權威諮詢公司曾採訪過五千名經理人員，並對他們取得成就的原因和基礎進行了深入的分析和研究。結果表明，儘管這些人年齡大不相同、專業各異，但他們都有一個共同之處：從整體上說，凡是那些事業有成就的人，都有一個明確的目標。

每一個人，尤其是年輕人，無論他談與不談理想，至少都會有自己的生活目標，或遠的或近的，或精神的或物質的。

沒有人不想讓自己的生活越來越好的，沒有人不想讓自己的人生更充實、快樂的。所以，他們總是不滿足於現狀，不滿足於已經得到的一切……於是，就不斷的為自己確定新的生活目標，不斷的去追求新的生活。就這樣，他們在不斷的追求，不斷的滿足，並在不斷的追求的過程中，走出了一條自己的人生路。

最富有的人，通常是最懂得經營自己的事業的人。因為他們懂得去為自己的事業訂立計畫，確定重點，如果沒有計畫，他們一定沒有辦法向銀行或股東伸手借錢，事業便難以維繫。

第三章　大目標可以使你更好的把握重點

認識你的生活重點

生活艱苦，固然容易堅定目標，方向明確；但即使衣食無憂，也應該建立起更高的生活目標和人生理想。賺錢多得用不完，你可以將它回饋社會，造福社會。如此生活才能充實，生命才能滋潤，我們才不會被空虛和無聊所煩擾。

人的生命只有一次，隨著時光的流逝本應激昂的人生，卻變得如此沒精打采，癥結恐怕就出在沒有明白生活的重點是什麼。

現代社會生活的無限豐富，人們在生活中的一時享受，並不等於現代人之人生的無限豐富。有這麼一些人，他們或受父母的百般溺愛，或承受了一大筆遺產，生活中要什麼就能有什麼。剛開始，他們可能會整天東遊西逛，無所用心，無所事事，頗有些優越感，可是隨著時光的流逝，無聊便會漸漸的襲上他們的心頭。無聊的對立面是充實。一個人只要在生活中有做不完的事，就不會感到無聊。人在繁重的體力勞動時，唯一的渴望多半是能歇息一下；但人如果太清閒了，又會熱切的企盼做點什麼事。無聊最大的起因便是無所事事，因此我們應該想方設法充實自己的人生，讓生活更豐富多彩一些。

假如你為有花不完的錢而發愁，那麼你可以多找一些富有文化精神的事情來做，總之是不要讓自己閒下來。時光流逝是那樣迅速，我們沒有任何理由不去珍惜，沒有任何理由不把人生安排好；為此，我們要善於尋覓人生中有意義有價值的事物，要常常保持生命的活力。

追求「成功與幸福」是人類的共同目標，把它分解開來，可能是職務的升遷、住房的改善、子女的培養、身體的健康等等。把握你的人生，高懸某種理想或希望，全力以赴，使自己的生活能配合一個目標。有許多人庸庸碌碌，默默以終，這是因為他們認為人生自有天定，從沒想到過可以創造人生。

人生存在世上，理應好好的利用自己的生活，使它朝著自己的計畫和目標奮進。

在關鍵時刻做出正確決策

在危機時刻，不要輕舉妄動而自亂腳步；要冷靜的判斷，抓住最佳的反應時機，這樣才能更好的解決危機。

很顯然，成功源自於正確的決策，正確的決策源自於正確的判斷，正確的判斷源自於經驗，而經驗又源自於人的實踐活動。人生中那些看似錯誤或痛苦的經驗，有時卻是最寶貴的財產。

在你縱觀全局，果斷決策的那一刻，你的人生便已經註定。成大事者之所以成功，在於他決策時的智慧與膽識，在於他能夠排除錯誤之見，做出正確的判斷。

美國一位空軍飛行員說：「在第二次世界大戰期間，我獨自擔任F6F戰鬥機的駕駛工作。第一次任務是轟炸、掃射東京灣。從航空母艦起飛後，一直保持高空飛行，然後再以俯衝的姿態滑落至目的地的上空執行任務。「然而，正當我以雷霆萬鈞的姿態俯衝時，飛機左翼被敵軍擊中，飛機頓時翻轉過來，並急速下墜。「我發現海洋竟然在我的頭頂。你知道是什麼東西救我一命的嗎？「我接受訓練期間，教官會一再叮嚀說，在緊急狀況中要沉著應付，切勿輕舉妄動。飛機下墜時，我就只記得這麼一句話，因此，我什麼機器都沒亂動，我只是靜靜的想，靜靜的等候把飛機拉起來的最佳時機和位置。最後，我果然幸運的脫險了。假如我當時順著本能的求生反應，未待最佳時機就胡亂操作了，必定會使飛機更快下墜而葬身大海。」他再強調說，「一直到現在，我還記得教官那句話：『不要輕舉妄動而自亂腳步，要冷靜的判斷，抓住最佳的反應時機。』」

保持冷靜的頭腦首先要相信自己的頭腦，不要由於缺乏必需的力量，就否定一個可能的觀念或構想。反之，你要執著於偉大的、值得為之奮鬥的構想，實現之，以解決關鍵時刻的危機。

科學家告訴人們，平時使用的潛能充其量也只有我們全部潛能的十分之一。也就是說，如果我們有較強自信心的話，我們的表現會比現在更好。

成大事者善於強化自己反覆判斷的習慣，從判斷的習慣中找到突破常規的辦法，又從辦法中找到新的創意。這樣他們就超出了一般人的正常判斷，很容易在智力上超越別人。

人生之所以失敗，常常是判斷的失敗，而不是行動的失敗。成大事者在判斷上的突破，引導了他行為的成大事。

判斷的形式是多種多樣的，但是從反面判斷尤為重要。我們通常提到兩種判斷的動力——建設性的判斷動力和破壞性的判斷動力。

那麼在關鍵時刻怎樣才能保持冷靜頭腦、摒棄掉破壞性的判斷呢？一般認為，進行自我暗示是最有效的方法之一。因為人在遇到問題時，往往在潛意識中產生慌亂的感覺，使人不知所措。

如果此時進行必要的暗示——運用建設性的判斷，讓發熱的頭腦冷卻下來，就能從問題的本身找出突破點，從而化解危機。

對於自己的否定形象，我們必須肯定正確使用之下的「否定」判斷，我們需要知道否定面，才能避開它們。正確利用這種「否定的判斷」，可以引導你走向成功之路。

化解壓力，控制自己

在一切對人不利的影響中，最容易使人頹喪、患病和短命夭折的就是不良情緒和惡劣心境。相反，心理平衡，笑對人生，特別有利於身心健康，更有利於人生定位。

一個人只要不讓往日的失敗束縛自己，不讓壓力來左右自己，就能擺脫緊張與壓力的重擔，並充滿信心的朝自己的目標邁進，最終超越自我。

在我們生活的大千世界中，每個人都要面對許多人、事的變化，都要受到各式各樣的刺激和壓力。情緒反應不僅要透過心理狀態，而且要透過生理狀態的廣泛波動來實現。中國醫學把人的情緒歸納為七情：喜、怒、憂、思、悲、恐、驚。但是，當這些精神刺激超過人的承受限度，或長期反覆刺激，便會引起中樞神經系統的失調，引起內臟功能紊亂，因而危害身體健康。

在一切對人不利的影響中，最容易使人頹喪、患病和短命夭折的就是不良情緒和惡劣心境。

相反，心理平衡，笑對人生，特別有利於身心健康，更有利於人生定位。

因此，在處理壓力時，若經常戴著有色眼鏡，被自己一時的情緒所支配，就很容易失掉一個又一個鍛鍊自己的機會。

情緒不良，心理灰暗，你就沒有與人交往的興趣和欲望，很容易自我封閉，性情孤僻。但實際上，你根本不可能不與別人接觸和相處，那些不良的情緒會使你的言談、神態、舉止不對頭，會有意無意的以不良的資訊刺激別人，以致影響你的事業的發展。

如果你對別人經常懷著敵意，那麼你為了你自己的前途，為了你理想目標的實現，也為了改善你的人際關係，你的當務之急就是應當平靜的消除你的惱怒心情。一個人的敵意來自他那灰暗的心理和對別人的不信任，一個心理灰暗的人即使他並不清楚別人在想什麼，他也會在那裡懷疑別人懷著不良動機。這一連串惱怒、懷疑和報復的連鎖心理反應，很容易使人頭昏腦脹，說錯話、辦錯事。

我們每個人總是生活在矛盾而複雜的世界中，心理平衡時常有被打破的可能，一旦打破，就有可能連續出錯，這樣一來，怎麼能正常有效的生活、工作呢？請記住，在你情緒不良時，最好不要做出重大的決定，以免鑄成不可挽回的錯誤，帶來難以排解的壓力。

不可否認，幾乎所有的困難、挫折和不幸都會給人帶來心理上的壓力和情緒上的痛苦，都會使人面臨著前進和後退、奮起與消沉的困惑。但這關鍵在於你是否能控制這種情感，駕馭你心理的壓力。

那些被稱為強者的人，面對任何消極的情緒和動機，他們都能以自身巨大的能力去戰勝它們。羅曼．羅蘭在《約翰．克里斯朵夫》裡說：「人生是一場無盡無休，而且是無情的戰鬥，凡是要做個足以稱為人的人，都在時時刻刻向無形的壓力作戰。本能中那些致人死命的力量，致人心意的欲望，曖昧的念頭，使你墮落、使你自行毀滅的念頭，都是這一類的頑敵。」

所以，如果你想成為一名強者，你想擁有成功的人生，你就需要學會自我察覺，學會控制自我的情感。面對壓力，不畏艱難，抱定主旨，向前行進，你就會找到適合自己的人生座標。

培養注意聽他人講話的習慣

「許多人沒能給人留下好印象是由於他們不善於注意聽對方講話。……許多知名人士對我講，他們推崇注意聽的人，而不推崇只管說的人。」

交際成功的祕密在哪裡？斯邁爾斯說：「一點祕密也沒有……專心致志的聽人講話是最重要的，什麼也比不上注意聽那些對談話人的恭維了。」

約翰從商店買了一套衣服，但很快他就失望了，衣服掉色，把他的襯衫的領子染上了顏色。他拿著這件衣服來到商店，找到賣這件衣服的售貨員，向售貨員說了事情的經過。

然而售貨員對約翰聲明說：「我們賣了幾千套這樣的衣服，你是第一個找上門來抱怨衣服品質不好的人……」

就在他們吵得正凶的時候，第二個售貨員走了過來，說：「所有深色禮服剛開始穿時都會掉色。一點辦法都沒有，特別是這種價錢的衣服，這種衣服是染過的。」「我差點氣得跳起來」，約翰說，「第一個售貨員懷疑我是否誠實，第二個售貨員說我買的是二等品，我氣死了。我準備對他們說：『你們把這件衣服收下，隨便扔到什麼地方，見鬼去吧。』正在這時，這個部門的負責人來了。他很內行，他的做法改變了我的情緒。」約翰說，「首先，他一句話也沒有講，聽我把話說完。其次，當我把話說完，那兩個售貨員又開始陳述他們的觀點時，他開始反駁他們，幫我說話。他不僅指出我的衣服領子確實是因為衣服掉色而弄髒的，而且還強調說商店不應當出售使顧客不滿意的商品。後來，他承認他不知道這套衣服為什麼出毛病，並直接對我說：『你想怎麼處理？我一定遵照你說的辦。』」

約翰說：「九分鐘前我還準備把這件可惡的衣服扔給他們。可現在我回答說：『我想聽聽你的意見。我想知道，這套衣服以後是否還會再染髒領子，能夠再想點什麼辦法。』他建議我再穿一星期，『如果還不能使你滿意，你把它拿來，我們想辦法解決。請原諒，添了你的麻煩。』他說。」

約翰滿意的離開了商店。七天後，衣服不再掉色了。約翰完全相信這家商店了。艾力克斯大概是世界上採訪過著名人物最多的人。他說：「許多人沒能給人留下好印象是由於他們不善於注意聽對方講話。他們如此津津有味的講著，完全不聽別人對他講些什麼……許多知名人士對我講，他們推崇注意聽的人，而不推崇只管說的人。看來人們聽的能力弱於其他能力。」

無論什麼樣的人，幾乎所有的人都喜歡注意聽他講話的人。如果你想成為好的對話者，那你首先應做一個善於傾聽別人講話的人。

突破環境和條件的局限

如果你看清現實，找到突破口，那就應該確立起一個目標，然後圍繞自己的目標去努力；如果你還要選擇，那麼想學什麼、想做什麼，你就去認真鑽研什麼。

在現實生活中，無論擺在你面前的是多少坎坷和困難，你都不要失去生活的信心。面對這些，只要你找準方法，對症下藥，就能突破客觀的局限，解決好問題。

要知道，任何環境和條件都有兩重性，既不會一切很好，也不會一無是處。哪個公司都有自己念不慣的經，哪個公司都有壓力。很少有人對自己的公司非常滿意。誰都想跳槽，可是有的人跳槽後又覺得後悔，覺得還不如原來的好。社會是絕不可能給每個人都鋪好現成的、完全適合自己成長的道路的，社會是一片沃土，但是到處都有壓力，到處都有荊棘。不能適應社會環境的變化，就談不上生存和發展。

面對現實的種種局限，如果你沒有能力改變它們，那麼，你唯一可做的，就是勇敢的接受它們。因此擁有積極心態、成功心理有一個重要的法則：必須接受不可改變的事實，也就是必須在框架的限制中尋求自由。

我們要有這樣一個明確的概念：事物的發展是內因和外因共同發揮作用的結果，內因發揮決定性的作用。對於一個人的發展同樣如此，關鍵要看自己以怎樣的心態去對待它。而要樹立積極的態度，應該做好下面兩點：

其一，積極的自我意識，尤其是自我評價。當然，不能一概而論的認為適應環境就是積極的自我意識，而不能適應環境就是消極的自我意識，這還要看一定的社會環境的本質和主流是進步還是落後的。就目前競爭激烈、生活節奏加快的社會現實而言，一般來說，積極的自我意識應當是積極適應社會環境。

其二，發展積極心態，選擇奮鬥目標，尤其是確立自己的價值觀念。我們每個人在選擇奮鬥目標時，不僅要根據自身條件和特點，還要看看是否與社會的發展相適應。積極心態，成功心理本身就意味著要面對現實，實際去做，也就是積極適應環境。

對個人來說，該走哪條路，這就要看你的興趣所在和選擇的目標了，在現實生活中，許多人特別重視自己的位置和處境，特別重視工作的條件和待遇，這樣想問題，那就無法面對現實、突破環境與條件的局限。即使一個人所處位置不當，處境不佳，只能用其短而不是用其長，但只要堅持自己的路，那麼他就會在長久的卑微中頑強追求，突破環境的局限，去迎接曙光。但如果不是堅持自己的路，那一個人即使在順境中也會平庸無能，一事無成。

所以，我們強調，一個人的位置和處境並不是最重要的，而往哪裡走、走什麼路才是最重要的，一個人在某種境遇中，在某個單位裡，在某種職業中，或在某個狹小的圈子裡，可能是個失敗者，但如果跳出這個小圈子，就可能是個成功者，這就是人們常說的機會的作用，機會它總是存在於人與人之間，存在於我們的生活空間，只有你先接受現實，不怨天尤人，默默的積蓄力量，等到機會到來時才有可能抓住它，從而改變境況。

要改變現狀，不僅要有志向，而且要有實力，實力從何而來？是從一切認真學習和艱苦的奮鬥中累積起來、磨練出來的，如果你看清現實，找到突破口，那就應該確立起一個目標，然後圍繞自己的目標去努力；如果你還要選擇，那麼想學什麼、想做什麼，你就去認真鑽研什麼。

你有了實力準備，機運才會青睞於你，你才會突破環境與條件的局限，迎來嶄新的黎明。

看準時機，努力施展自己

仔細的注視著一切，及時的發現和抓住每一個稍縱即逝的機會，果斷決策，迅速的採取全力以赴的行動。

人生充滿了激烈的競爭，同樣也充滿了各種機會，當機會來臨時，要抓住它，別讓它在你身邊悄悄溜走。因為對於真正的成功者來說，只要去爭取就有機會獲得成功。一八六五年，當美國南北戰爭宣告結束之時，鋼鐵大王卡內基預料到，戰爭結束，經濟必然復甦，經濟建設對於鋼鐵的需求量便會與日俱增。於是，他義無反顧的辭去鐵路部門報酬優厚的工作，合併由他主持的兩大鋼鐵公司——都市鋼鐵公司和獨眼巨人鋼鐵公司，創立了聯合鋼鐵公司。

卡內基讓弟弟湯姆創立匹茲堡火車製造公司和經營蘇必略鐵礦。對於卡內基的舉動，隨之而來的又出現了另一個機會：美國擊敗了墨西哥，奪取了加利福尼亞州，並決定在那裡建造一條鐵路，同時，美國又規劃修建橫貫大陸的鐵路。幾乎沒有什麼投資比鐵路更賺錢了。聯邦政府與議會首先核准太平洋鐵路，再以它所建造的鐵路為中心線，核准另外三條橫貫大陸的鐵路。

第一條是從蘇必略湖橫穿明尼蘇達，經過位於加拿大國界附近的蒙大拿西南部，再橫過洛磯山脈到達俄勒岡的北太平洋鐵路。

第二條是以密西西比河的北奧爾巴港為起點，橫越過德克薩斯州，經墨西哥邊界城市艾爾帕索到達洛杉磯，再從這裡進入舊金山的南太平洋鐵路。

第三條是由堪薩斯州溯阿色河，再越過科羅拉多河到達聖地牙哥的聖塔菲。

但一切遠非如此簡單。各種縱橫交錯的鐵路建設申請紛紛提出，竟達數十條之多。

然而卡內基卻認為：「美洲大陸現在是鐵路時代、鋼鐵時代，需要建造鐵路、火車頭和鋼軌，鋼鐵是一本萬利的。」

不久，卡內基向鋼鐵發起進攻。

在聯合製鐵廠裡，矗立起一座二十二點五公尺高的熔礦爐，這是當時世界最大的熔礦爐，對於它的建造，投資者都感到提心吊膽，生怕將本錢賠進後根本不能獲利。但卡內基的努力讓這些擔心都免去了後顧之憂。他聘請化學專家駐廠，檢驗買進的礦石、灰石和焦炭的品質，使新產品、零件及原材料的檢測系統化。

在公司的營運中，卡內基貫徹了各層次職責分明的高效率的概念，使生產力水準大為提高。同時，卡內基買下了英國工程師「兄弟鋼鐵製造」專利，又買下了「焦炭洗滌還原法」的專利。他這一做法不乏先見之明，否則，卡內基的鋼鐵事業就會在不久的大蕭條中成為犧牲品。一八七三年，經濟危機席捲了美國。許多銀行倒閉，工人失業，鐵路工程停止施工，各種企業相繼停產，經濟處於癱瘓狀態。

然而，卡內基卻斷言：「只有在經濟蕭條的時代，才能以便宜的價格買到鋼鐵廠的建材，工資也相應便宜。其他鋼鐵公司相繼倒閉，向鋼鐵挑戰的東部企業家也鳴金收兵。這正是千載難逢的好機會，絕不可以失之交臂。」

在這樣陰晦的境況下，卡內基卻反常人之道，打算建造一座鋼鐵製造廠。他走進股東摩根的辦公室，說出了自己的新打算：「我計劃進行一個百萬元規模投資，建貝亞默式五噸轉爐兩座，旋轉爐一座，再加上亞門斯式五噸熔爐兩座……」「那麼，工廠的生產能力會怎樣呢？」摩根問道。「一八七五年一月開始工作，鋼軌年產量將達到三萬噸，每噸製造成本大約六十九萬……」「現在鋼軌的平均成本大約是一百一十萬元，新設備投資額是一百萬元，第一年的收益就相當於成本……」「比股票投資還賺錢。」卡內基補充了一句。

隨後，股東們同意發行公司債券。

工程進度比預定的時間稍微落後。一八七五年八月六日，卡內基收到第一個訂單——兩千支鋼軌。熔爐點燃了。卡內基興奮不已。一八九〇年，卡內基兄弟吞併了一家鋼鐵公司後，一舉將資金增加到兩千五百萬美元，公司名稱也變為卡內基鋼鐵公司。不久之後，又更名為美國鋼鐵企業集團。卡內基的成功與他善於抓住有利時機休戚有關。

要想獲得成功，萬事不可坐待，要看準時機，主動施展自己的才華，才能獲得巨大的成就。

直接目標法

愛因斯坦也大推的成功法，幫你甩開拖延症

第四章　大目標可以使你更準確的評估自己

目標可以提供一種自我評估的重要手段，即標準，你可以根據自己距離目標有多遠來衡量取得的進步，測知自己的能力。

認識真正的自我

只有實現了自己的理想，認識了真正的自我，才能把自己的生命鍛鍊得有價值，才能生活得更有意義。

人只有當認識了真正的自我之後，才能明確知道適合自己的理想，並努力去實現它。只有實現了自己的理想，認識了真正的自我，才能把自己的生命鍛鍊得有價值，才能生活得更有意義。那麼我們應當怎樣認識真正的自己，正確評估自己呢？

日本學者木村久一在《早期教育與天才》中說了一段耐人尋味的話：「天才人物指的是有毅力的人、勤奮的人、入迷的人和忘我的人。但是，千萬不要忘記：毅力、勤奮、入迷和忘我的出發點，實際上在於興趣。有了強烈的興趣自然會入迷，入了迷自然會勤奮、有毅力、最終達到忘我。因此，我特別想說的是，天才就是強烈興趣和頑強入迷。」

木村久一對興趣的作用作了充分的說明和強調。在求職過程中，我們也要考慮自身的興趣，只有自己感興趣的工作，才能激發我們的創造性和創造力。因此，你在認識自我時，首先要了解自己的興趣所在，這對發揮你自己很重要。

要認識真正的自我，首先要了解自己的性格，因為性格對於一個人的發展也是有影響的。某些特定性格的人適於從事某些特定的工作；而某些特定的工作也需要一定性格特徵的人來從事。

例如：以理智去衡量一切並支配其行動的人，比較適合於從事某些特定的工作；而那些情緒波動較大，情感因素較為濃重的人就不大適合於從事理論研究工作，否則對理論研究的嚴肅性和嚴密性會造成一些消極影響；有的人較集中於內心活動，愛幻想，不善交際，性格較孤僻，這樣的人不適合做交往性的工作或管理工作；有的人活潑好動、敏感、喜歡交際的性格，這樣的人適合於多樣變化的、反應迅速而敏捷的工作；有的人精力旺盛，直率熱情，這樣的人適合於做困難度較大的工作；有的人具有安祥平穩的性格，這樣的人適宜從事有條理和持久性的工作，不適宜做開創性的工作。

當然性格對職業的影響並不是絕對的，但它仍不失為我們認識自我的一個重要方面，了解自己的性格是有好處的。

此外，我們還要考慮到自身的智力水準，也就是能力水準，它包括社交能力、抽象思維和實際操作能力等等。

總之，每個人要想真正認識自己，就要力求全面、客觀和公正，只有正確認識了自我，我們才能在選擇職業方面有比較清醒和全面的認識。

在現代社會裡，事業離不開職業，職業意味著事業，有了職業就有了做出貢獻的場所，並能實現自己的目標。事業總孕育在職業當中，職業是事業的母體。職業不同，人們的貢獻大小也就不一樣，不同的職業，有著不同的社會地位和聲望，職業緊密聯繫著人的自身價值。人的自身價值也要在職業中實現。

遠大理想的目標，每個人都有，但最合適的目標，每個人卻往往只有一個，這需要人們去發

直接目標法

愛因斯坦也大推的成功法，幫你甩開拖延症

現它，實現它。當我們面對各種不同的機會時，該如何選擇？最主要的是要考慮堅持有利於發揮自己的素質優勢、堅持符合社會需要、堅持有利於自身發展的基本原則。當然，有利於發揮自身的素質優勢更為重要。

有利於自身發展是指一個人的優勢素質可得到充分發揮，從而更快的實現人生的價值。所謂有利於自身發展的原則，是在符合社會需要的前提下，要考慮到充分發揮自己的素質優勢，充分的施展才能。正確的認識自己，除了發揮自身優勢，認識自身的性格外，還要認識自己的錯誤並勇於承認它，改正它。

每個人都有自己的自尊心和榮譽感，如果你肯主動承認自己的錯誤，這不僅僅可以滿足對方強烈的自尊心，而且也會為自己品格的高尚而感到快樂。事實上，自覺的承認自己的錯誤，不僅可以增加相互之間的了解和信任，而且能增進自我了解，進而產生自信心。有時候人們要等到自己發現並認識到自己所犯的錯誤時，才能真正了解自己的能力。

當年二十六歲的亨利．福特二世接任了每天損失九百萬美元的福特汽車公司的總裁職位。上任後，他的創新、實踐和腳踏實地的努力，扭轉了公司的命運。有人問他，如果讓他從頭再來的話，會有什麼不同的表現。他回答道：「我只能從錯誤中學習，因此我不認為可能有什麼不同的作為，我只是犯不同的錯誤而已。」坦誠的承認自己的錯誤就會使你心胸坦蕩，並且能使你贏得別人的尊重。

要有與眾不同的眼光

用不同尋常的智慧來把握生命，這是人生的一種理念，這種理念對於已取得成功的人來說早已被認知，且已付諸行動之中。

如果你想成就一番事業，就必須從自身的狹隘中走出來，不要沾沾自喜於一時取得的點滴成績，要心中有大目標，大方向。無論做什麼事情，不管成敗，都要從長計議，做長遠打算，這樣，才能終有所成。

用不同尋常的智慧來把握生命，這是人生的一種理念，這種理念對於已取得成功的人來說早已被認知，且已付諸行動之中。他們用一種超乎常人的智慧去經營自己的生命，也就有了超乎尋常的成功，因而他們的生命的事蹟才會青史永存。

謀略家之祖先呂尚（姜太公）以一種大無畏的大智慧謀劃了他的一生，從而達到最高的謀略境界：「姜太公釣魚，願者上鉤」。呂尚的家族曾是王侯貴族，後來由於社會的不安定，造成家道中落。因此，他在對世事洞察的同時，也就立下「救民眾於水火之中，拯國家以圖強之列」的願望。

呂尚雖有鴻鵠之志，但當時是無道的紂王當政，殘暴不仁的昏庸政治使呂尚不能實現自己的志向，報國救民無望，而且連生存的需要有時都滿足不了，由此半生潦倒，年華虛度。

然而，在他年過半百之後，當他聽說西伯昌於朝歌被囚禁食親子之肉而無言時，他覺得西伯昌是位偉略之人，於是，他決心輔佐此人，以圖大業。就在紂王釋放西伯昌後，呂尚也隨之逃離朝歌，隱居山野。在西伯昌的一次狩獵經過時，呂尚演了個離水面三尺直鉤釣魚的段子，以引起西伯昌的注意。呂尚可算是最為深謀遠慮之人，就因為他有救國扶世之志，才有離水三尺直鉤釣魚之舉。他最終實現了救民報國的夙願。

每個人，都有自己的志向和理想，無論做什麼，都應有自己出色的一方面，取得了成績不應安於現狀；遇到了挫折或失敗，更應從長計議，另做打算。

只有對要做的事情謀劃在胸，你才會不失時機的去實現你的理想和抱負。

製作自己的人生指南針

人生的樂趣存在於一切日常生活之中，存在於一切為了克服危機而採取的自我改造的危機之中。

所謂「人生指南針」，就是指人生的目標與理想，而為了達到這個目標，就必須運用合理而有效的克服危機的「戰術」——為了實現「指南針」而採用的手段。

你要清楚，什麼是你應當去做的，什麼是你不應當去做的，為什麼而做，為誰而做，所有的要素都要明顯而清晰。

第四章 大目標可以使你更準確的評估自己

製作自己的人生指南針

漢斯．季默，從小便迷上音樂，他的心中自然就有這樣一個「人生指南針」——當音樂大師。儘管他買不起昂貴的鋼琴，但他用紙板製作類比黑白鍵盤，當他練貝多芬的《命運交響曲》時竟把十指磨出了老繭。後來，他用作曲賺來的稿費買了一架「老爺」鋼琴，有鋼琴的他如虎添翼，這使他最終成為好萊塢電影音樂的主要創作人員。

他不論走路或搭地鐵，總忘不了在本子上記下即興的樂句，當作創作新曲的素材。有時他從夢中醒來，開著手電筒寫曲子。

漢斯．季默在第六十七屆奧斯卡頒獎大會上，以聞名於世的動畫片《獅子王》榮獲最佳原創音樂獎。

我們羨慕那些成功人士所獲得的鮮花、掌聲，卻常常忽略了在這些成功背後的艱辛。我們出生時的條件並不重要，重要的是擁有去爭取一切我們想要的東西——「人生指南針」。

也許對很多人來說，改變自我是一種極大的痛苦，但是對那些決心要改造自身危機的人來說，改變自我便是一種樂趣和幸福，因為他們是在為克服危機人生而對自己負責。人生的樂趣存在於一切日常生活之中，存在於一切為了克服危機而採取的自我改造的危機之中。

為了使生活變得充實和更加富有意義，更加具有目的性，我們必須仔細的思考一下這些問題：自己想做什麼？想過怎樣的生活？自己和別人、社會想保持怎樣的一種優勢關係？在哪一種狀態之中，自己會感到最滿意？

這就需要給自己定位，要認清楚自己，將自己擺在整個社會的宏觀世界之中，了解自己所處

直接目標法

愛因斯坦也大推的成功法，幫你甩開拖延症

的位置，而進一步則是要以你現在所處的位置為基礎，為自己設立一個更高層面的定位。這也就是我們通常所說的改變危機的目標與理想。

當然，在我們實現夢想的過程中，也不能無視社會背景的存在。由於每個人的人生觀及其價值取向都會因為其文化背景、生活環境、宗教信仰等方面的不同而有所不同，因此，每個人的人生定位也會大相徑庭，所要求的人生目標也會大為不同。

確立人生定位策略是為了人生的幸福，也因為它，才使人生過得更加有意義。除此之外，它也是「人生指南針」的最高策略。具體而言，改變自己的一生，賦予其更重要的夢想、目標，以及價值觀的，就是自己的人生定位，亦即人生的最高策略。也就是說，無論是在工作上、學習上以及個人生活上，人生幸福的意義，就是由設定這最高的策略開始的。環境的危機能夠制約人的發展，但是克服危機的人，可以把危機變為優勢。

但要克服危機，就要付諸行動。「行動」在人生中占有非常重要的地位，沒有行動，光說不練，光想不做，一切都不可能發生。但是，把行動本身當作「目的」，那是一點意義也沒有的。

隱藏在行動之後的，應該是更高層次的決定和覺悟，以及將一切付諸行動的力量，換而言之，你必須時時的自問，明確的意識到最高策略是什麼?究竟自己的決心、覺悟何在?這才是到達成功幸福之門的必由之路。

切忌滿足於小成就

小小成就雖也是一種成就，但如果你在原地踏步，相比較而言，你的「小小成就」在一段時間之後根本就不是成就，你甚至還有被淘汰的危險。

生活中，有許多人在沒有一點成就的時候，刻苦努力，像老黃牛一樣踏踏實實的工作；但一旦取得一點成就之後，就欣喜若狂、得意忘形。這種容易滿足的習慣最終只能讓自己重新回到以前，以致變得頹唐不振。

光陰流逝，現在想想你的高中或大學畢業的同學，在你們分開之後，他們境況如何？從中又能得到什麼啟示？也許當初有些人很幸運，他們考上了大學，有的還上了知名大學，而有的人屢試不中，只能被排斥在大學校門之外。但若干年後，如果同學重聚，你也許會發現，有些當初的落榜者並非沒有出息，他們還真做出了一點名堂，做起了自己的買賣，當上了老闆。而那些昔日的幸運者，有的也只是平平常常，每月守著那點薪水，混日子而已。

之所以會如此，是因為：前者不滿足自己的現狀，而拚命改變自己的命運，所以他們能不斷有所長進。而後者則因為自己很幸運，很了不起，什麼都不用愁了，而忘了居安思危，失去了進取之心，所以一直原地踏步。

在競爭如此激烈的現代社會，原地踏步應該也算是一種退步，因為他人都在前行，而你靜止不動，參照起來，你不是處於後退的狀態嗎？所以，一個人不能有一點小小的成績就以為萬事無憂，要勇於進取，不要懈怠。

事實證明，積極奮發的人一般都擁有較大的成就。如果你不滿足目前的小小成就，就要充實自己，提升自己。上班的人要不忘繼續學習，做生意的要不斷搜集資訊，強化企業實力，這些都是在創造機會、向前發展。

小小成就也是一種成就，也是自己安身立命的根本，但社會的變遷太快，長江後浪推前浪，如果你在原地踏步，社會的潮流就會把你拋在後頭，後來之輩也會從你後面追趕上來。相比較而言，你的「小小成就」在一段時間之後根本就不是成就，你甚至還有被淘汰的危險。

因此，一個人不能滿足目前的成就，要積極向人生的高峰攀登，使自己的潛能得到充分的發揮。

規劃好自己的人生夢想

不要去聽信阻礙你發揮潛力的聲音，讓你的心靈做主宰，去聽聽那些會讓你編織偉大夢想的聲音，然後大膽的跟隨夢想前進。

導致人生挫敗的因素很多。一個人能夠正確的估算自己，並不是一件容易的事，但不管怎樣，你都必須冷靜的評價自己，做到有多大能耐做多大事，這樣才有可能準確的施展自己的計畫，實現自己的夢想。

年輕的羅傑，坐在拿破崙．希爾的辦公室內一張椅子上，他有個夢想。「我想成為一個畫家」，他說，「這是我的所有作品。」他的手微微顫抖，拿出幾幅圖畫放在會議桌上。一張張激動而發光的臉孔，從用色鮮明而大膽的油畫上浮現。拿破崙．希爾看過畫之後，說：「非常好！」羅傑平靜的回答：「多謝。」然後忍著不可遏止的笑意，又說：「它們的確不錯，不是嗎？」

羅傑的態度是正確的，面對一切成敗的可能，他相信自己。羅傑是個黑人，在一個中下階層的家庭長大。所以，雖然他的老師們都肯定他的才華，但他們還是建議他找一份「正當的工作」。而以繪畫為嗜好的羅傑拒絕聽從。他相信自己，他為這個夢想，願意冒一切風險。

然而他的師長卻不那麼有信心，他們說：「你賣畫不足以維生的。」這一次，羅傑並沒有聽進去。他十八歲時賣出他的一幅畫，獲得那小小勝利後，他更加決意運用天賦當一個藝術家謀生。

你可以規劃任何創業的夢想，但夢想必須要明確：你想擁有什麼形態的事業？你如何規劃你的人生？你想從事何種職業？

假如你能選擇世上任何一份職業，那是什麼職業呢？先不要在意別人的看法，即使你的家人、朋友或配偶對你有所期望。但你自己的期望又是什麼呢？相信自己的直覺，豐富自己的夢想，即使是能振奮你讓你對未來有希望的一點點夢想。

法國哲學家帕斯卡說：「心靈具備某種連理智都無法解釋的道理。」不要去聽信阻礙你發揮潛力的聲音，讓你的心靈做主宰，去聽聽那些會讓你編織偉大夢想的聲音，然後大膽的跟隨

直接目標法

愛因斯坦也大推的成功法，幫你甩開拖延症

夢想前進。

有夢想是一回事，有真材實料去實現它又是另一回事。正如海倫．凱勒想開車，她得先經歷高速公路上的一切驚險刺激。失明使她喪失許多機會，但她還是有屬於自己的偉大理想，她曾在許多年後寫下這樣的句子：「假如世上一切事物都是快樂美好的，我們將永遠無法學會勇敢與忍耐。」

別害怕自己的能力有限，也不要盲目。仔細想想你的專長和嗜好，如果你覺得自己一無是處，那是胡說八道。當然，我們沒有莫札特的天才，也只有極少數人能像安德烈．瓦茲一樣琴藝精湛，你也很可能無法像史蒂芬．金一樣寫暢銷書，但是天生我材必有用。

想想什麼事是你想做的，什麼事可以令你既覺輕鬆又樂在其中，什麼事是別人為你做得很好的，這有助於你去認知自己的才華，假如把這些才華運用在目標的追求上，假以時日，成功將會翩然而至。

概算一下，創業之初所需的租金及辦公設備、電腦軟硬體設備，甚至電話、傳真機、文具、名片等花費，你是否有足夠的創業基金呢？是你自己的錢還是別人的？如果是向別人借的，將來你又要付出多少代價償還他人呢？

因此，無論你選擇從事何種事業，先要確定你有充足的資源，支撐你度過初創時的艱辛和低收入的日子，在你開始一項計畫時，先衡量一下得失。

創造條件來塑造魅力

魅力，就像一種無聲的語言，具有強烈的打動作用、感染作用。擁有魅力，可獲得上司的賞識、同事的喜愛，擁有魅力，可消除人與人之間那種天生的、自然的隔閡。

一般認為，「魅力」是公眾人物必備的籌碼之一，但是，「魅力」並非就只是公眾人物的專利。

在你生活的周圍，也許就存在著許多有魅力的人，這些人物可能都是小人物，可是你從他們身上得到的感受，令你覺得很溫暖很舒服，這就是魅力，它具有一種感染的力量。

在我們生活的四周，總是有這種魅力無窮的人，他們非常易於察覺人際往來的微妙互動關係，只要有他們出現的地方，總能帶動氣氛，使人如沐春風，樂於和他們接近。由此可見，魅力能夠為你帶來好運。

魅力，就像一種無聲的語言，具有強烈的打動作用、感染作用。擁有魅力，可獲得上司的賞識、同事的喜愛，擁有魅力，可消除人與人之間那種天生的、自然的隔閡。

那麼，一個人的魅力來自於何方呢？它來自人的氣質、能力、性格、脾氣、修養、外表、穿戴等各個方面，是由這些形成的一個綜合性的東西。世上沒有一個人是天生具有魅力的，所以，每個人都可以透過自身的努力創造條件，塑造自己的魅力。

人際溝通專家指出：魅力是良好且發展均衡的溝通技巧，而這種技巧在平常的生活中就可以練習。

魅力訓練的方法有哪些呢？一般而言有這樣幾點：

其一，必須要有強烈的動機。任何人要想使自己變得有魅力，首先就必須對魅力有強烈的渴望。

其二，必須循序漸進，從外表開始著手。雖然說不應以貌取人，但不可否認，外表有時可以左右別人對我們的看法，尤其是對第一印象產生很大作用。

其三，學會放鬆，自由的抒發情緒。擁有一顆開放、真誠的心，隨時與人進行情感的分享與交流，會讓生活更有趣，而且讓別人更容易接近自己。

其四，多聆聽觀察別人。在人多的場合，隨時注意別人談話時的聲音與表情，仔細的研究別人的一舉一動，可增加自己對他人情緒敏銳度的掌握。

其五，強迫自己與陌生人交談。排隊買票、問路、到商場購物、等車等，都是不錯的交談時機。

其六，即興演講。你可以在家裡對著鏡子練習，最好把過程錄下來，作為改進的參考。人們之所以拒絕在他人面前表達自己，多半是由於害羞及缺乏自信。如果你能隨時面對各種話題不假思索的談話，這將成為你提升魅力的本錢之一。

其七，嘗試角色，體驗生活。很多有魅力的人物，都是生活經驗豐富的人，正是經驗培養了他們那開闊的眼界。無論你扮演的角色是多麼不起眼，都要竭盡全力、滿懷熱情、卓有成效的去做，去體驗其中的樂趣。

其八，走向人群，投身於各種社交場合，與社會上的成功人士交往，從他們那裡獲得一些成功技巧。雖然說你可以透過練習來磨練技巧，但是，正如一位心理學家所說的：「唯一能讓你成為一流高手的最佳途徑，便是直接走進球場，面對著強勁的老手相對廝殺。」經常訓練自己，你會成為一個魅力四射的人。

魅力可以說是事業發展的一個法寶，擁有它，就會隨時有好運伴著你。

恰當的對自己進行分析

你要有你希望得到的東西，為它工作，往前盼，不要往後看。增加對將來的「盼望」，不要增加對往事的「懷念」。對「將來的盼望」能使你保持青春永駐。

對自己進行分析是一個人對自己的認識、評價和期望，也就是對自己的心理體驗，它是對自身的認知和評價。一切的成就，一切的財富，都始於一個意念，即自我評價。

當然，並不是所有的自我分析都能產生正面效應，分析是否恰當，乃是一個至關重要的因素，不恰當的自我分析可能會招致嚴重的後果，這主要是由於分析的偏差而對自己的整個心理產生的錯覺，並引起心理和行為上的一系列的變異。具體表現為：或自高自大，目空一切；或自暴自棄、妄自菲薄。這對一個人的生存與發展極為不利，對他的學習、工作和生活也有很大的妨礙。

因此，只有認識了真實的自己，對自己抱有客觀的態度，你的人生目標才會順利的實現。只

直接目標法

愛因斯坦也大推的成功法，幫你甩開拖延症

要你下定決心做好每件事，你就會找到適合自己的生活和工作方式。

你可以找一個值得你努力的目標，最好有個計畫表，註明碰到不同情況時，你希望如何處置。你要有你希望得到的東西，為它工作，往前盼，不要往後看。增加對將來的「盼望」，不要增加對往事的「懷念」。對「將來的盼望」能使你保持青春永駐。

對於某一事情的看法，我們總是希望別人也跟我們有同樣的反應，同樣的結論。但沒有一個人是「照事情本來的樣子」來反應，而是照著他自己的心理意識來反應。因為大部分情況下，他人的反應或立場並不是為了要為難我們，也不是因為頑固不通，更不是含有惡意，而是因為他對情況的了解與解釋和我們的不同，他只是依照他自認為是對的方式而對事情採取適當的措施。有了對自己這樣的分析認識以後，再做到信賴他人的誠意，不剛愎敵視，就可打理好人際關係。

我們對於外來的感覺訊息，時常因恐懼、焦慮或欲望而染上特別的顏色。但是要有效的應付環境，我們必須客觀的承認環境的真相。只有了解環境的真面目，我們才能做適當的反應。

我們必須看到事實，接受事實，別讓壓力扭曲自己的靈魂，直接面對它，走過去，逆境就會轉變為順境。

鑄就美好的品格

舉止優雅招人喜愛，行為粗魯遭人唾棄，我們總是情不自禁的被一個樂善好施者所吸引，因為他總能寄予同情，安慰他人，盡其所能幫人擺脫困境。

品格就是力量，這種力量是潛在的，它借助於鑄就的存在就能產生許多直接的影響，並且影響還是深遠的。「首先，我必須使自己成為一個人，」當加菲爾德總統還是一個孩子時，他就這樣說，「如果這一點無法做到，那麼肯定不會有其他任何成就。」

生活的主要事業不在於擔任什麼職務，而在於成為什麼樣的人；而一個人的行為本身會在自身的個性品質上留下烙印。

約翰．斯圖亞特．穆勒說：「對於個人來說，品格本身應該成為人類最高的追求目標，因為無論怎樣，只要存在品格或者存在接近理想品格的崇高狀態，那麼，人類的生活將會變得真正快樂起來，人們會在較低意義的感官上覺得愉悅，擺脫了肉體的創傷，而在較高級的感受上，人們也會覺得超越了現實中非常平庸而且碌碌無為的狀態，這種生活，是每個擁有較高能力的人都渴望得到的。」

如果我們設定了未來的目標，那麼我們的未來會怎樣呢？我們的目標會賦予未來某種特徵，而一個人的決心也會預示他未來的前景。對於一個目標不堅定的人來說，他的未來不會有閃光的希望，也不會有光明的前景，而正是未來的目標才說明了他是一個怎樣的人。

直接目標法

愛因斯坦也大推的成功法，幫你甩開拖延症

對於一個人來說，唯一贏得美名的成功應該是這樣的：隨著歲月流逝，人們在精神與道德方面變得更加深厚和崇高，能不斷的去體會到自身能力的拓展與提高——這也就是生活的意義所在。

小仲馬說：「整個世界都在哭泣，能夠拯救我們的人在哪裡？我們需要這樣一個人！不要到遠方去尋找這樣一個人，這個人就在這裡，這個人——就是你，是我們每一個人！怎樣使一個人成為這樣的人呢？如果一個人並沒有實現它的意志，那麼，沒有什麼比這更難的事了，如果一個人有著鋼鐵般的意志力去實現它，那麼這就是最容易的事。」

我們的時代也呼喚著這樣的人——他有深刻的思想、偉大的心靈、堅定的信仰和隨時準備好的雙手。這樣的人，擁有正直、高貴、誠信的品質。這樣的人，不會被各式各樣的利益所誘惑。這樣的人，會盡心盡力，一絲不苟的做任何事情。這樣的人，會在一個煽動家面前挺身而出，無畏的揭露他的花言巧語。

不管在何處，人們都喜歡具有優秀品質的人，而排斥品行惡劣的人。擁有美好品行的所有原則都包含在這句話裡：舉止優雅招人喜愛，行為粗魯遭人唾棄，我們總是情不自禁的被一個樂善好施者所吸引，因為他總能寄予同情，安慰他人，盡其所能幫人擺脫困境。

不管是在世界的哪一個角度，總會有這樣一些人，他們甚至不用發號施令，就能夠實現自己的目的，他們的影響力，和他們自身的能力幾乎不成比例。

人們也難免困惑不已，到底是什麼原因，使人們這麼容易就以他們馬首是瞻，其實這不奇怪，任何人都會敬仰並追隨那些具有非凡品格的人，因為品格就是力量。

第五章　大目標可以使你成為有大成功的人

美國哲學家愛默生說：「一心向著自己的目標前進的人，整個世界都讓路給他！」

眼光的大小決定成功的大小

行動來自理念的導向，未來有賴於眼光的指引，眼光不同，境界就會不同，成功的收穫自然也不同。

所謂眼光就是投放點，犀利的眼光才能發現真金所在。

中國「紅頂商人」胡雪巖有一句名言：「做生意頂要緊的是眼光，你的眼光看得到一個省，你就能做一個省的生意；看得到天下，就能做天下生意；看得到外國，就能做外國生意。」

美國西爾斯百貨公司能成為美國最大的百貨公司，是與公司主要人物的遠大眼光分不開的。公司原副總裁伍德在一九二五年透過分析美國人口發展趨勢，敏捷的發現隨著汽車業越來越迅猛的發展，私人擁有的汽車越來越多，而大城市已無法提供那麼多停車的地方，人群會大量流向郊區。汽車的大發展將為商業零售方式帶來一次革命，迫使城市作為商業中心的地位下降，而郊區則會得到大發展。

伍德毅然做出一個重大決策：西爾斯百貨公司向郊區發展。他們趁當時空地多，土地租金低，別人還未醒悟，迅速在郊區建立自己的市場優勢。伍德作為一個商人能洞察商品零售業發展的趨勢，使西爾斯公司大展宏圖。現在它擁有八百五十家零售商店和十四個郵購中心，不僅成為美國最大的百貨公司，而且還把觸角伸到了加拿大和歐洲。

世界首富比爾．蓋茲可謂眼光獨到。一九八〇年，他用五萬美元買下了一套磁碟作業系統的軟體回來重新設計，然後再以專利形式轉賣給 IBM 公司。這樣，IBM 公司每賣出一台電腦，他就抽一部分版稅。後來，這個電腦天才又嘔心瀝血的弄出一套鬼斧神工般的「Windows」軟體，把電腦應用推到另一個新高度，又為他賺得豐足的利潤。

成功學家指出，經營事業的人要使自己目光遠大，積極捕捉亮點，就必須做到以下幾點：

其一，積極進行預測。「凡事豫則立，不豫則廢」。經營事業的人只有「忙著今天，想著明天」，掌握市場變化的規律，調查顧客的購買偏好和心理，以及競爭對手等情況，才能不會錯過那些轉瞬即逝的機會，達到既定的目標。

其二，善於利用傳媒。傳媒，是報紙、雜誌、通訊社、廣播、電視等的總稱。傳媒作為資訊載體，既是經營事業的人獲取資訊和傳遞資訊的工具，又是他們走向社會的媒介。

其三，合理超前控制。所謂合理超前控制，是指機會到來之前做好充分準備，及早採取行動，而在機會消失之前及早收場，為抓住新的機會做好準備。

商品的比較價值和比較優勢是在商品大跨度的流動中顯示出來的，尤其是在國際貿易中，獨特的地域性資源，廉價的勞動力成本，新穎的創造性設計，令人信服的商品品質和獨一無二的售後服務，都能產生比較價值和比較優勢。經濟的全球化趨勢，需要你放眼全球，誰能成為先覺者，高瞻遠矚，先行一步，誰就能在二十一世紀成為商界的佼佼者。

眼光不同，境界就會不同，成功的收穫自然也不同。

行動來自理念的導向，未來有賴於眼光的指引，對經營事業的人來說，只有想不到的沒有做不到的。不要忽視眼光和理念的價值，它常常是成功與失敗的分水嶺。

突破障礙，發揮你的生命潛力

假如你還沒有目標，那就不妨繼續前進——自然會有目標與你並駕齊驅。你的方向感永遠是向前邁進的。

你畫的一幅畫也許可以讓你欣賞許多天，甚至許多年。也許它不是傑作，這並不要緊。問題是：你是不是把你的精力畫進去了？這幅畫比起你上次所畫的，是不是付出得更多、更好？你要不要將它裝框，掛在你的客廳之中？如果你覺得不妥，那麼這一次你先掛在你的臥室裡，下次再掛在客廳裡。

人生短暫而匆匆，你應盡力把每一件事情做好。進一步說，假如你還沒有目標，那就不妨繼續前進——自然會有目標與你並駕齊驅。你的方向感永遠是向前邁進的。

奧里森．馬登強調，目標對我們做成一件事來說太重要了，他對年輕人說：「你不僅要有一個人生目標，你也應該有你的日常目標，那就是每天一個目標。」

美國洛杉磯有兩位女士寫信給一位成功學家，說她們讀了一些成功書籍之後，便開始運用其中的原理和原則。她們在信中表示，他為她們找到了可能的新境界，使她們嘗試了以前連想也不敢想的計畫。

她們發現了她們追求奮鬥的目標，於是她們開始實現自己的目標，因此，她們得以自由自在的去從事下列的事情：

寫一本兒童讀物。

創作一部劇本。

籌組了一個公司。

她們在信中還說：「我們兩個都有全天上班的工作。請不要叫我們慢慢來；我們在享受我們人生的樂趣……如果遭遇阻礙，我們會想辦法——辦法自會出來……我們認為，所有的這一切，都應該感謝你……」

她們自己設定目標後，克服了一直使她們不能克服的實際障礙，她們大大的感到了使她們向前邁進的價值，最後又讓她們的成功機運在她們的創造能力範圍之內發生了作用。

你也許不必像她們那樣設定那麼多的目標；你也許沒有她們那樣雄心勃勃，不過，你和她們一樣擁有成功的潛力，你要把它發揮出來，而不要阻塞它。

假如你有困難，假如你遭遇了障礙，那只說明你和大多數人一樣，需要控制前行的目標。

只要你相信你自己的目標是正確的，而去做你想做的事情，你的成就將會使你自己感到快樂和興奮。

保持一種健全的心態

成功之人必定經常想著成功，必定經常往好的方面想。他的思想必定富於進取精神，富於創造力，必定是建設性的、創新性的。

成功始於健全的心態。而當心態不佳時，要獲得成功是不可能的。

做一套想一套，行動和思想不一致，對成功來說是致命的，因為每件事首先必定是在大腦中先進行醞釀，並且必定是圍繞和遵照大腦設想的圖景而展開行動的。一個人如果完全認為或在相當程度上認為自己不行或比較差，那他是絕不可能取得成功的。

許多人一方面渴望發財致富，然而另一方面卻總不相信能擺脫貧窮，總是懷疑自己的能力。如果一個人總是懷疑自己獲得成功的能力，那他想獲得成功是毫無道理的，因而他總會招致失敗。成功之人必定經常想著成功，必定經常往好的方面想。他的思想必定富於進取精神，富於創造力，必定是建設性的、創新性的。

我們許多人的目標往往是相互矛盾的。因為，儘管我們渴望著富裕，但是打心底裡卻認為不可能過上富足的生活，那麼，我們的心態、生命的過程所遵循的心理圖景，則使得我們正努力從事的事情不可能取得成功。正是因為我們貧窮的心態，我們的懷疑和擔心，我們自信心的缺乏，我們不具有相信自己能過上應有盡有的生活的積極觀念，才弄得我們與成功無緣。

如果你總是想像自己的事業可能遇到的坎坷和困難，並總是擔心它，如果總是抱怨時運不濟，

第五章　大目標可以使你成為有大成功的人

保持一種健全的心態

總是擔心事業不可能有好的結果，那麼，你的事業就真的不會有好結果。無論你多麼努力工作以期取得成功，如果你頭腦裡充滿的都是擔心失敗的思想，那麼，你的這種擔心的思想將會使你的努力付之東流，從而使得你不可能取得你所希冀的成功。

你要養成建設性的看待一切事物的習慣：從事物好的那一面，從事物充滿希望的那一面看待事物的習慣。養成從有把握和事物的確定性那一面看待事物的習慣；相信事物會朝最好的方向發展的思維習慣；這些就是樂觀主義者的態度，這種態度最終將幫助你實現成功。

樂觀主義是建設性的力量。樂觀主義之於個人猶如太陽之於植物。樂觀主義便是心中的陽光，這種心靈中的陽光構築生命、美麗，促進它範圍所及的一切事情的發展。我們的心理機能在這種心靈陽光的照射下茁壯成長，正如花草樹木在太陽光的照射下茁壯成長一樣。

如果你以不同的工作態度面對自己的目標，就會產生不同的效果，因為一個人的心態與他所取得的效果有著密不可分的聯繫。如果你被逼迫著去完成工作；如果你將工作只是看作苦差事；如果你以奴隸一般的態度去從事你的工作；如果你不抱什麼希望的去工作；如果你在工作中看不到任何希望，覺得工作只不過是聊以糊口，勉強度日而已；如果你看不到未來的曙光，只看到生活陰暗艱難的一面；那麼，你就永遠不會有提升、有發展。

反之，儘管你現在很平凡，但是，如果你能看到更好的將來；如果你相信有朝一日你會從單調乏味的工作中崛起；如果你相信有朝一日你會從你目前的陋室搬進溫馨、舒適、怡人的豪宅；如果你的抱負的確遠大；如果你的眼睛緊緊盯著你希望達到的目標，並相信你完全有能力達到你的目標，且努力的去做，那麼，你一定會有成就。一定要保持這種信念，即我們有朝一日會做成現在看來不可能做成的事。

要實現目標，一定要使自己保持一種積極向上、奮發有為的心態。任何時刻都不能懷疑自己最終將取得事業成功的能力。你一定要不斷的對自己說：「我必定會擁有我所需要的，這是我的權利，我將來肯定會擁有我所需要的一切。」

如果你的頭腦中始終堅持這種思想，那麼，你的這種思想將會產生一種累積的、漸增的、極富魅力的效果。你極其渴望、期盼和努力為之奮鬥的目標是將能夠實現的。

拿出勇於超越的魄力

要想取得事業的成功，我們任何一位生存在這個世界上的人，都得具備開發智慧的意識，有勇於超越的魄力，只有這樣，才會建造出屬於自己的生存空間。

在人們的工作和生活中，有些人做事時往往忽略了一些細節，喜歡跟風跑，看到人家某一方面收益好，就不假思索的盲目跟從，其結果往往導致失敗。

唐裝，是二〇〇二年春節前後最流行的服裝之一，而且有很多服裝企業在唐裝上收益頗豐，同樣也有很多服裝企業面對市場悔之莫及，望而生嘆，為什麼呢？就是因為缺乏思考，缺乏對商機敏銳的洞察力。等到一些服裝企業的唐裝上市爆紅時，坐失商機的企業主才如夢方醒，亦步亦趨的仿效著做起來。而此時，唐裝的流行熱潮已大減了。

所以對於商機，要有敏銳的眼光、勇於去做的魄力，有為達成目標應有的智慧。那麼智慧從何而來呢？智慧要從知識的汲取、實踐經驗的累積著手，博採眾長，逐漸豐富自己的閱歷，這樣，才能形成自己的智慧，思考後的決策才會有成功的可能。有一家公司是排名在很多大公司之後的小型肥皂製造企業，由於是後起無名小輩，所以，他們不敢與其他大公司發生正面競爭，因為那樣無異於以卵擊石。透過仔細的思考，公司決定採取側面出擊、出其不意的策略，另闢蹊徑。一九七九年該公司推出了一種空前絕後的液體肥皂，這種產品悄然上市後，立即引起消費者強烈迴響，得到大批消費者的認可。這種「液體肥皂」的上市，很快衝擊了當時名望高、規模大的棕欖、寶潔等知名公司，並使他們大為震驚，因為「液體肥皂」的上市，搶走了他們生產的塊狀肥皂的大塊市場。這家小公司用智慧贏得了空前的成功。

這家小公司的決策者，運用了智慧，對具體事物進行了具體分析，透過一番思考比較，在別人走過的老路中又另闢了一條新徑出來，用最新的產品「液體肥皂」為自己贏得了市場。

要想取得事業的成功，我們任何一位生存在這個世界上的人，都得具備開發智慧的意識，有勇於超越的魄力，只有這樣，才會建造出屬於自己的生存空間。

以高遠的目標鞭策自己

你給自己定下目標之後，目標就在兩個方面發揮作用：它是努力的依據，也對你鞭策。目標給了你一個看得見的射擊靶。隨著你努力實現這些目標，你就會有成就感。

目標是對於所期望成就的事業的真正決心。目標比幻想好得多，因為它可以實現。有了目標，人就有了前進的方向，就能夠一步步的改變自己，發展自己。

生活中，有一些人總幻想他們的生命是永恆不朽的。他們浪費金錢、時間以及心力，從事所謂的「消除緊張情緒」的活動，而不是去從事「達成目標」的活動。丹尼爾先生能夠從週薪二十五美元的工作，迅速升至副董事長的職位，不久後又升任公司的董事長，是因為他有目標並隨時鞭策自己。他對目標的解釋是：「你過去或現在的情況並不重要，將來想要獲得什麼成就才最重要。」

每個人都可以從很有前途的職業中學到一課，那就是：我們也應該計畫十年以後的事。這是一種很嚴肅的想法。因為沒有了目標，我們的生活、工作就會盲目。

目標的作用不僅是界定追求的最終結果，它在整個人生旅途中都產生作用，目標是成功路上的里程碑，它的作用是極大的。你給自己定下目標之後，目標就在兩個方面發揮作用：它是努力的依據，也對你鞭策。目標給了你一個看得見的射擊靶。隨著你努力實現這些目標，你就會有成就感。一九五二年七月四日清晨，加利福尼亞海岸籠罩在濃霧中。在海岸以西的卡塔林納島上，一個三十四歲的女人涉水下到太平洋中，開始向加州海岸游過去。要是成功了，她就是第一個游過這個海峽的女性，這名女性叫傑楚德．伊德。在此之前，她是從英法兩邊海岸遊過英吉利海峽的第一個女性。

這一次，她在游泳的時候，海水凍得她身體發麻。霧很大，她連護送她的船幾乎都看不到，時間一個小時一個小時過去，千千萬萬的人在電視上看著。有幾次，鯊魚靠近了她，但被人開槍嚇跑。她仍然在游。十五個小時後，她又累，又凍得發麻。她知道自己不能再游了，就叫人拉他上船。她的母親和教練在另一艘船上，他們告訴她海岸已經很近了，叫她不要放棄。但她朝加州海岸望去，除了濃霧什麼也看不到。

此刻，她澈底喪失了信心，她讓跟隨她的人把她拉上了船。又過了幾個小時，她漸漸覺得暖和多了，這時她卻開始感到失敗的打擊，她不假思索的對記者說：「說實在的，我不是為自己找藉口，如果當時我看見陸地，也許我能堅持下來。」

事實上，人們把她拉上船的地點，離加州海岸只有半英里。後來她說，令她半途而廢的不是疲勞，也不是寒冷，而是因為她在濃霧中看不到目標。伊德小姐一生中就只有這一次沒有堅持到底。兩個月之後，她成功的游過同一個海峽，她不但是第一位游過卡塔林納海峽的女性，而且比男子的記錄還快了約兩個小時。

人生倘若沒有目標，肯定難有成就。正如一位貿易鉅子所說：「一個心中有目標的普通職員，會成為創造歷史的人，一個心中沒有目標的人，只能是個普通的職員。」

有規矩才能成就方圓

一個人想獲得成功，首先必須嚴格要求自己，要嚴格要求自己，必須有一套可維持正常生活的紀律。這樣才能在激烈的市場競爭中取得勝利。

每個人在任何時候都會受到紀律的約束。自從有了人類社會，人們為了共同生活和勞動、維護社會的正常秩序，就要求建立相應的行為規則，用以調整人們之間的關係。

這種行為規則，就是最初的紀律，沒有這種行為規則，人們就無法合作勞動，無法與自然抗爭，也無法生活下去。紀律就是人們立身行事的行為規範。

畫圓離不開規，有了規和矩才能畫圓就圓，畫方就方。自由和紀律的關係也是如此，有了紀律，才能使人生獲得真正的自由，不遵守紀律，人們就會失去真正的自由。試想一個城市如果沒有交通紀律，人們在街上隨心所欲，亂闖紅燈，則這個城市的交通狀況必然是一片混亂，人們就不會有交通自由。

同樣，一個人想獲得成功，首先必須嚴格要求自己，要嚴格要求自己，必須有一套可維持正常生活的紀律。尤其是現在的年輕人因缺乏社會經驗，因此常會因說錯話做錯事而得罪人，甚或容易與人發生衝突，這樣，他的生活、事業、身體都會受到影響。因此，這就更需要嚴格要求自己了。

隨著時代的發展，社會的進步，紀律越來越顯得重要。人們之間的交往頻率越來越大，如果沒有一個良好的規範約束自己，大家都為所欲為，這個世界豈不是亂了套？生活節奏加快，也要求人們安排好自己的作息時間、飲食規律等等，否則身心的健康都會受到損害。

待人處世有一套正確的人際交往規範，自然可以贏得別人的好感，獲得真誠的友誼，得到愉快的合作、溫馨的氣氛和歸屬感。而做生意必須嚴格遵守市場規範，才能在激烈的市場競爭中取得勝利。否則永遠不可能獲得成功，即使獲得一定的成功，也是短暫的。

不論是對一個民族還是對個人生活來講，紀律都是保證其健康發展的必要前提。它是一套心理活動和運作系統，是維持人類自由思考的條件。人能保持正常功能，是因為它的基本系統運作沒有錯亂。人類的身體能保持健康，也因體內的各個指令系統不出差錯。人類的精神生活也是一樣的，如果缺乏一套正確的思考、生活和情緒控制等系統，就會出現異常的行為和異常的心理症狀。

因此，不能忽視紀律的重要性，它是社會中人與人進行社會聯繫的重要形式，是保證人們進行各種活動的必要手段，也是取得成功、克敵制勝的重要保證。

確切的描述出你希望得到的

一個人若沒有明確的目標，以及達成這項明確目標的明確計畫，不管他如何努力工作，都像

直接目標法

愛因斯坦也大推的成功法，幫你甩開拖延症

是一艘失去方向的輪船。

一個人只有先有目標，才有成功的希望，才有前進的方向，才能感受到成功的喜悅。卡內基認為：選擇生命中一個明確的主要目標，有著心理上及經濟上的兩個理由。

一個人的行為總是與他意志中的最主要思想互相配合，這已是大家公認的一項心理學原則。特意深植在腦海中並維持不變的任何明確的主要目標，在我們下定決心要將它予以實現之際，它都將滲透到整個潛意識，並自動的影響到身體的外在行動以實現目標。

要改變自己的生活須從培養期望做起，但光有強烈的期望還不夠，還得把這種期望變成一個目標。也就是說，你應該用想像力在頭腦裡把目標繪成一幅直覺的圖畫，直到它澈底的成為現實。

譬如，對一個已成家的人來說，他想使家庭更加美滿幸福，那他就必須確切的描述一下如何使他的婚姻狀況得到改善。他必須把他所希望出現的那種美滿婚姻描述出來——希望與他的配偶進行某種推心置腹的談心；他為了改變生活而準備採取的某種行動；他們夫妻倆都能參加的某種活動。他還必須明確什麼時候進行這種談心，採取這種行動。電影演員傑瑞德透過切身體驗發現了制定一個具體目標的重要性。當時，傑瑞德的私人醫生向他嚴厲的指出在他面前擺著兩條路：要麼去戒酒，要麼去殯儀館。經過一番掙扎，傑瑞德最後戒了酒。

亞德里恩在其主演的影片獲得極大成功後，也決心要戒酒。他逐漸感到，由於酒喝得太多，他甚至連台詞都記不住了。他說：「我很想見見與我合作過的那些演員，我知道他們都是值得我學習的，可我現在連一個單獨的鏡頭都回憶不起來了。」

這一可怕而痛苦的經歷促使他產生了要改變自己生活的強烈願望。他為自己制定了一個具體目標，即嚴格的節制——過一種與酒告別的無憂無慮的生活。他對自己期望的東西進行了明確的描述，甚至對與喝酒的朋友在一起相處會損失什麼也著實考慮了一番，他明白，在漫長的人生過程中，他必須改掉自己一些不良習慣，他也相信，只要確定了某個具體目標，他就能實現它。亞德里恩為自己制定了一個計畫：每天游泳、散步，平常禁止喝酒。經過兩年時間不懈的努力，他終於達到了目的，他又重新建立了一個家庭，過著美滿幸福的生活。他興奮的說：「我的工作能力完全恢復了。我發現自己比酗酒以前更加敏捷，精力更充沛，腦子轉得也更快了。」

一個人若沒有明確的目標，以及達成這項明確目標的明確計畫，不管他如何努力工作，都像是一艘失去方向的輪船。

辛勤的工作和一顆善良的心，尚不足以使一個人獲得成功，因為，如果一個人並未在他心中確定他所希望的明確目標，那麼，他又怎能知道他什麼時候能獲得成功呢？

最大限度的開發自己的潛能

一個人所發揮的能力，只占他全部能力的百分之四，潛能的開發程度，決定了一個天才的發揮程度。

直接目標法

愛因斯坦也大推的成功法，幫你甩開拖延症

相信任何人都渴望成為天才，成為有巨大成就的人。因為那樣就意味著巨大的創造、貢獻和成功，也意味著更多的幸福、快樂和富足。

其實每一個嬰兒來到這個世界，都是為天才而生，為成功而活。大自然給我們每一個人都賜予了天才的潛能。

天才和俗人，都是赤裸裸降臨塵世，並無本質的區別。只是孩子在以後的成長過程中，由於外部環境的優劣，內在心態的修練和智力訓練的強度等多種因素的影響，導致了天才的潛能釋放的強弱。

有一個發生在英國的真實故事：有一天，一位女士上街購物，把四歲的孩子單獨留在家中，返回時，在住家附近碰到熟人，就停下來說話。突然，她發現自家五樓的窗子開著，孩子爬到窗台上正向媽媽招手——她還來不及驚叫，孩子已經失足掉了下來——她丟下手中的東西，不顧一切的向孩子奔去（請注意，她穿的是筒狀裙子和高跟鞋），就在孩子落地的瞬間，她接住了孩子。事後，人們做過一次模擬實驗：從五樓窗口扔下一個枕頭，讓最優秀的消防隊員從相同距離飛身來救，試驗了很多次，始終還差很遠。

潛力也叫潛能，就是人可能發揮出來的最大能力。著名的心理學家奧托指出：「一個人所發揮的能力，只占他全部能力的百分之四。」

據說像愛因斯坦這樣的天才，其潛能的發揮也還不到百分之十。潛能的開發程度，決定了一個天才的發揮程度。一百多年來，人類對天才之謎的探索從來就沒有停止過。直到現在還有許多

第五章 大目標可以使你成為有大成功的人

最大限度的開發自己的潛能

人相信天賦遺傳的理論。這種理論的支持者認為，天才是透過「商數遺傳」的遺傳，而一代一代的傳遞下去，並且隨著遺傳代數的增加，天才的這種不可思議的神祕誘惑力也與日俱增。但從表面的事實看，只有極少數事例才符合這種天賦遺傳論。

有一位美國大學的教授曾帶著他的學生到黑人貧民區進行調查研究。其中的一個課題就是對該地區的二百名黑人小孩的前途做出預測。學生們都十分的認真，經過不斷調查、計算，報告出來了，結果令人沮喪：二百名孩子幾乎無一例外的被認定為「一無是處」、「無所作為」、「終生碌碌」等等。四十年後，老教授早已去世，他的繼任者從檔案裡發現了那份報告，好奇心驅使他來到當年的調查地點——黑人貧民窟。

他驚奇的發現「當年被調查的二百名孩子中，除二十名離開故地，無從查找外，其餘一百八十名孩子大多數獲得了相當的成就，他們之中不乏銀行家、商人、大律師和優秀運動員。當他問及那一百八十個人的成功時，他們都說最感謝的是當年的一位小學教師。繼任者找到了當年的小學教師，此時她已老了，吐字不太清楚，可是有一句話任何人都聽得懂：「我愛這些孩子。」

事實上，很多天才人物都是後天教育的結果，很少遺傳。

天才，與其說是天賦的結果，倒不如說是發展的結果。如果進行各種有效的智力訓練，任何一個平凡人都可以成就一番驚天動地的偉業，人人都能成為天才。

直接目標法
愛因斯坦也大推的成功法，幫你甩開拖延症

第六章 大目標可以使你更全面的自我完善

要實現目標，就要不斷的自我完善，當你不停的在自己有優勢的方面努力時，你的能力才會得以更好的提升，進而你才會得以更好的發展。

做到巧於應變

真正成功的人不會堅持固有的偏見。他們在做出決定之前，會慎重考慮所有的選擇，聆聽所有的意見，做到隨機應變。

成功之人的重要品質之一，就是靈活變通。要成功，就必須有足夠靈活的機動性，使決策適應形勢，而不能用以往的經驗，應對眼前形勢，這樣是不能做出適應形勢的決策的。

真正成功的人不會堅持固有的偏見。他們在做出決定之前，會慎重考慮所有的選擇，聆聽所有的意見，做到隨機應變。變招是應付市場風雲的最佳辦法。

吳百福是日本「日清食品」的創辦人，他開始在社會上打拚時，在臺北開過一家小公司，經營日本的紡織品，因為生意很淡，一年多就關了門。

他把剩下的一點錢作為費用，到日本東京都立大學讀書。一九三四年畢業後，吳百福留在日本謀生，他先在大阪打工，後來自己經營水產品。在這段時期，他想到中式的麵食很有特色，就反覆研究它可否作為創業的目標。

他想，麵食是中式的傳統食品，不但中國人喜歡吃，日本人也十分喜歡。但是，在日本各城市的唐人街裡，到處都有麵食店了，如果經營傳統的中式麵食，肯定沒有出路。最後他決定，可用中式傳統麵食為基礎，研製出一種「人無我有」的麵食，改變人們的飲食習慣，這才是一個創業的方向。

他經過反覆思考和研究，考慮到日本人生活節奏十分緊張，中式的傳統麵食需要時間煮才能食用，這與人們的需求有點相悖。如果研製出一種不需要煮，只用水泡一下就可以吃，並保持中國傳統麵食美味可口的特點，必定會受到人們的歡迎。

根據這一設想，幾經研製，他研究出一種雞汁速食麵。經試銷後，大受顧客青睞。於是他立即籌措資金，進行工業化大規模生產，迅速的走上成功之路。現在，他的速食麵暢銷全球上百個國家和地區了。據《富比士》雜誌估計，吳百福現在的財富超過兩億美元。

經濟的迅速發展雖然使得市場的空間迅速擴大，但不管多麼大的市場總是有限的，特別是具體到單個品種的商品，其銷量總有個極限。何況當今的市場是充滿競爭的，競爭者總要擴充自己的市場占有率。同時隨著商品的增多，人們生活水準的提高，市場已逐步由過去那種因產品供不應求而形成的「賣方市場」變成「買方市場」了，顧客要精心選購自己所需要的更優良、更新奇的產品了。在這樣複雜的市場環境裡，隨著市場需求的變化而變化才能真正贏得市場的高額回報。

當然，要讓應變真有成效，經營者必須弄清市場變化的緣由，摸清其規律。市場永遠是動態的，這種動態是需求的變化、產品競爭和其相互作用的綜合反映，其中任何一種因素的變化，都會導致市場出現新的需求。為此，經營事業的人要善於發現，巧於鑽研，及時變通，方能於競爭激烈的市場中輕取其利。

及時更改已有的預見

決策的正確與否往往決定實現目標的成敗，因此，決策一定要慎重，一定要符合實際發展的趨勢。這樣才能避開可能掉入的陷阱。

成功者不僅善於預測事物的發展方向，而且更善於根據事物的發展變化趨勢，及時更改已有的預見，在大多數人還處在按原有預見操作的時候，他已經先人一步，改變了方向，避開了可能掉入的陷阱。

發生在一九二九年世界範圍內的經濟危機，使海上運輸業也在劫難逃。當時，加拿大國營鐵路拍賣產業，其中六艘貨船十年前價值兩百萬美元，現僅以每艘兩萬美元的價格拍賣。當時的希臘船王歐納西斯本來決定把資金投入到礦業開發上，因為他和他的同事相信工業革命後對礦原料的需求將會劇增。但獲此消息後，歐納西斯像鷹發現獵物一樣，立即趕往加拿大談這筆生意，他這一反常態的舉動，令同行們疑慮重重。

歐納西斯的舉動就可以說是及時更改了預見而獲得成功的典範。因為在當時，海上運輸業空前蕭條的情況下，歐納西斯也預見海運業將很難復甦，而礦業開發會隨著工業革命對礦原料的需求，呈現劇增勢頭，這時他要按預見投資於礦業開發。但事物總是發展變化的，原有的預見也會與變化的情況相背離。海上運輸業的新形勢就說明了這一點。面對蕭條，貨輪下跌到了慘不忍睹的程度，海上運輸業也已沉入谷底。但凡事物極必反，這正是投資中千載難逢的機遇。歐納西斯看到了這一點，足見其超人的智慧。

後來的事實證明，經濟危機過後，海運業的回升和振興居各行業前列。歐納西斯從加拿大買下的那些船隻，一夜之間身價大增，他的資產也成百倍的激增，使他一舉成為海上霸主。

決策的正確與否往往決定實現目標的成敗，因此，決策一定要慎重，一定要符合實際發展的趨勢。而正確決策的基礎是調查研究。有時候，我們的預見是準確的，也有時候，我們的預見是滯後的，我們可能只看到了事物的一面，而未看到另一面。

所以，這就要求我們在進行全面調查分析的同時，及時更改預見，使之符合客觀現實的發展。

做自己的人生嚮導

在人生旅途中，只有那些不斷的認識自己、了解自己、審視自己的人，才能不斷的塑造自己，完善自己。

在人生路途上，不一定任何時候都有人幫助你。大多數情況下，你要自己幫助自己，做自己的人生嚮導。

美國鹽湖城的蘇珊娜，結束了七年的婚姻生活，她一個人跑到海邊，衝著無垠的藍天大海放聲大喊：「我自由了！我自由了！從現在起，我終於丟掉所有的包袱，可以按自己的意願活下去了！」

她反覆的回味自己三十二歲的人生，赫然發現，原來自己一直活在別人的陰影之下，從來都是以別人的喜樂為喜樂，以別人的標準行事，按別人的意思來表達。

她的六十多歲的母親是個能幹好強、喜歡主宰一切的人。家便是母親的王國，哥哥和她理所當然的受母親的直屬管轄，尤其在哥哥背叛了母親之後，她便成為母親唯一的寄託與希望。

她在小學、國高中階段，學習一直名列前茅，高中畢業之後又以第一志願（母親的）考上了密西根大學，大學畢業後，母親介紹她到一家私人公司做事，隨之又在母親的安排下，她嫁給了董事長的兒子，成為經理夫人，似乎有一個很好的家庭。

她的日子平順安逸，但是，在她三十歲生日那天，潛藏在心底的自我意識，卻悄悄的覺醒了。「我是誰？」是她常常懷疑的問題，因為她越來越不認識自己，越來越對生命感到迷惑。

她是擁有一切，但內心為什麼總覺得空空洞洞？她有丈夫，卻從未體會過情愛交流、心靈互通的美，她陪丈夫應酬，也在家宴客，但卻總有力不從心的厭倦……她變得很憂鬱，很不快樂，包括她自己在內，沒有人知道原因。

在她婚後第四年，丈夫所做出的醜聞被她母親發現了，並且她母親找到了對方住的地方拍了照，聲稱要告他並使他身敗名裂，而她卻了無怒意，只提出離婚的要求。她和丈夫冷靜的談過之後，走出了生活七年的家。她沒有去母親那裡，而是自己找到一處小房子，重新開始她的人生。

兩年後，她調整好自己，第一次領悟到生命的可愛以及做「自己」的快樂。她可以選自己喜歡看的書，做自己喜歡做的事，說自己想說的話，按自己的規律過日子，而不必在意旁人的看法，不必活在別人的陰影下，真正成為了一個屬於自己的完整女人。

蘇珊娜的故事告訴我們，發現自己想要的人生，努力獲得，才能做一個真正的你。

在人生旅途中，只有那些不斷的認識自己、了解自己、審視自己的人，才能不斷的塑造自己，完善自己。

用開放的眼光變通自我

堅持是一種良好的品性，但在有些事情上，過度的堅持，會導致更大的浪費。成功者的祕訣是隨時檢視自己的選擇是否有偏差，合理的調整目標，放棄無謂的堅持。

生活中，對現實形勢懂得靈活應對的人才是聰明的人。如果你對你堅持的目標確實感到行不通的話，就嘗試另一種方式吧。

諾貝爾獎得主萊納斯．鮑林說：「一個好的研究者知道應該發揮哪些構想，而哪些構想應該丟棄，否則，會浪費很多時間在行不通的構想上。」

有些事情，你雖然用了很大的努力，但你遲早要發現自己處於一個進退兩難的地位，你所走的研究路線也許只是一條死胡同。這時候，最明智的辦法就是抽身而退，去研究別的項目，尋找新的方向。

牛頓早年就是永動機的追隨者。在進行了大量的實驗失敗後，他很失望，但他很明智的退出了對永動機的研究，而在力學研究中投入更大的精力。最終，許多永動機的研究者默默而終，而牛頓卻因擺脫了無謂的研究，而在其他方面脫穎而出。

在每年獲准成立的幾千家公司中，五年以後，只有一小部分仍然繼續營運。那些半路退出的人總是這樣說：「競爭實在是太激烈了，只好退出為妙。」其實，問題的關鍵在於他們遭遇障礙時，只想到失敗，不去想解決的辦法，因此才會失敗。

你如果認為困難無法解決，就會真的找不到出路，因此一定要拒絕撒手放棄的想法。鑽進牛角尖而不知自拔的人，是看不出新的解決方法的。

成功者的祕訣是隨時檢視自己的選擇是否有偏差，合理的調整目標，放棄無謂的堅持。

有一個非常幹練的推銷員，他的年薪有六位數數字。很少有人知道他原來是歷史系畢業的，在做推銷員之前還教過書。

他這樣回憶他的教書歷程：「事實上我是個很無趣的老師。由於我的課很沉悶，學生個個都坐不住，所以，我講什麼他們都聽不進去。我之所以是無趣的老師，是因為我已經厭倦了教書生涯，對此毫無興趣可言，但這種厭煩感卻在不知不覺中也影響到學生的情緒。最後，校方終於解聘了我，理由是我與學生無法溝通，其實，我是被校方免職的。當時，我非常氣憤，所以痛下決心，走出校園去闖一番事業。就這樣，我才找到推銷員這份自己能勝任並且感覺愉快的工作。」

他接著說：「當時，如果我不被解聘，也就不會振作起來。基本上，我是很懶散的人，整天都病懨懨的。校方的解聘正好驚醒我的懶散之夢，因此，到現在為止，我還是很慶幸自己當時被人家解僱了。要是沒有這番挫折，我也不可能奮發圖強起來，而闖出今天這個局面。」

堅持是一種良好的品性，但在有些事情上，過度的堅持，會導致更大的浪費。有的人失敗，不是沒有本事，而是定錯了目標。成功者為避免失敗，應時刻檢查目標是否合乎實際。

改變思維才能改變自己

只要運用大腦，積極思考，你就能夠在社會生活中發現機會，創造機會，改變自己的生活，實現人生的目標。

只有改變思維，才能改變自己，因為所有成大事者的神奇力量並非來自肢體，而是來自頭腦，來自他們頭腦所獨有的思考能力。

法國思想家帕斯卡說：「人不過是一株蘆葦，是自然界最脆弱的東西，可是，人是會思考的。要想壓倒人，世界萬物並不需要武裝起來，一縷氣，一滴水，都能致人於死地。但是，即便是世界萬物將人壓倒了，人還是比世界萬物要高出一籌，因為人知道自己會死，也知道世界萬物在哪些方面勝過了自己，而世界萬物則一無所知。」

直接目標法

愛因斯坦也大推的成功法，幫你甩開拖延症

人類的每一種行為，每一種進步，都與人類的思考能力息息相關，離開了思考，人也就不成其為人了。既然我們被自然賦予這樣神奇的力量，我們就應該開發我們的大腦，腦子不會越用越滯塞，腦子只會越用越靈活，所以我們每一次的思考都是在給腦子加油，經過潤滑的大腦更能適應社會的變化，我們也才會有更強大的生存本領。

在歐洲人湧入澳洲開始「淘金」的時候，有一個冒險者在澳洲奮鬥多年，一事無成，以至於窮困潦倒，流落街頭。

一天，他偶然在海邊釣到一條大鯊魚，他發現鯊魚肚子裡有個小皮包，包內有一張五十天以前的英國報紙，報上報導說英國和另外一個國家爆發了戰爭。他從這則消息想到，戰備物資需要大量羊毛，羊毛價格肯定會上漲，而當時澳洲羊毛嚴重滯銷，價格極低。而從英國開來澳洲的船，至少要再過一個星期才能到達。

於是，他開始大量收購羊毛。一星期後，消息傳來時，許多經商的人都轉而做羊毛生意，羊毛價格直線上升。這位冒險者靠這則消息一夜之間成了百萬富翁。鯊魚肚子裡一張舊報紙上的不起眼的消息，蘊藏著巨大的商機。

紛繁複雜的現實生活中，時時處處存在著商機。而要覓得商機，把握商機，就必須善於在多變的世界裡見微知著，及時獲得有用的資訊，並與自身實際結合起來，進行分析、判斷，得出結論，只有這樣才能抓住稍縱即逝的商機。一九八二年二月，墨西哥一處火山爆發，噴出的大量火山灰遮天蔽日，經久不散。敏感的美國學者判斷來年要出現氣候異常，世界許多地方將發生更多的自

然災害，並且預測全球的農作物將歉收，世界範圍內糧食的價格要上漲。由於美國上年儲有大批糧食，因而他們決定減少糧食作物的種植面積，以刺激糧食價格的上漲。

次年，異常氣候造成世界糧食產量嚴重下降，美國成為唯一的糧食出口國。由於糧價上漲了一點六倍，迫使前蘇聯不得不削減軍費，用大量外匯去購買糧食。美國此舉獲益匪淺。

思考是成大事者的力量源泉，也是人能夠改變自己的內在基礎。只要運用大腦，積極思考，你就能夠在社會生活中發現機會，創造機會，改變自己的生活，實現人生的目標。

對實際變化的情況有效應對

要使自己在成功後仍然保持激昂的鬥志，保持旺盛的戰鬥力，就要善於在事業發展的各個階段不斷調整自己，使自己適應不斷出現的新情況。

人生中，每個變化的特點都是不同的，都會產生不同的影響，帶來不同的心理感受，造成不同的結果。

如果你只停留在因變化造成的心理感受上，那麼你必然會陷入感情用事的誤區，把握不住變化的客觀規律，抓不住變化的核心。而只有隨實際變化的情況調整自己的思路和心態，才能有效的應對變化。

直接目標法
愛因斯坦也大推的成功法，幫你甩開拖延症

要使自己在成功後仍然保持激昂的鬥志，保持旺盛的戰鬥力，就要善於在事業發展的各個階段不斷調整自己，使自己適應不斷出現的新情況。

艾莉亞創建公司的第一個挑戰就是，找到一家願意生產她設計的化妝品的生產商。她接觸的所有生產商都沒聽說過荷荷芭油或蘆薈膠凍，因為他們都只想到可可油與巧克力有聯繫。儘管當時她並沒有意識到這一點，但艾莉亞還是發現了一個將要迅猛發展的市場：年輕的女性消費者們願意有一種化妝品，能用一種毫不殘酷並對環境負責的方式生產出來的。

當時的生產商沒有這樣的遠見，艾莉亞就找了一個草藥醫生按她的要求工作，她開始嘗試著對這個市場的開發。為了節省資金，她親自將生產的化妝品裝在醫院用於裝尿樣的廉價的塑膠瓶裡，並鼓勵她的顧客將這個塑膠瓶帶回來重新罐裝。艾莉亞沒錢支付商標的印刷費用，她就和她的朋友們自己動手印刷每個商標。

艾莉亞在英國的布萊頓碼頭（英國南部海岸避暑勝地）開辦了第一家形體商店。她的商店一開張，附近的經營者們就開始打賭，猜測她的商店能開多久，但比這更糟糕的還有當地的一家喪葬店堅持要她改換店名，他們抱怨說沒有人會僱用一個在名叫「形體商店」附近的葬禮主持人的。但艾莉亞堅守立場並保住了店名。

她第一步取得了成功。緊接著，艾莉亞決定繼續開辦第二家商店。但銀行詢問了她的計畫之後拒絕給她貸款。她找到朋友的一個朋友，那人願意借給她六千四百美元。就這樣，阿妮塔的商店逐一的建立起來了。但即使到了一九九〇年代中期，艾莉亞仍然不為自己的產品打廣告，她的

反傳統的做法引起了媒體的很大興趣，媒體的記者寫了數百篇文章並約她見面來介紹她，這使艾莉亞和她的商店廣為人知。現在，艾莉亞也會在全球各地某商業區開新店時遇到麻煩，但她憑著過去充滿挑戰的經歷，總習慣於提出非常有創造性的解決方案來解決。有一次，一個商業區拒絕租給她營業場所，她就組織了在一百一十英里範圍內的所有郵寄訂貨的客戶向商業區的管理機構寫信。幾個月後，允許她在這個商業區開店的審批手續就下來了。「照通常做法做生意」不是艾莉亞取得成就的一部分，就她而言，做了不同尋常的事情使一切變得不同凡響。哈佛大學的校長提出：「一個人是否具有善於變化的能力，是一流人才和三流人才的分水嶺。」

如果你善於變化的能力確實不同尋常，創新的方法也能不斷湧入，那麼你所能做出的成果不僅能改造人生，還會使你自己也跟著改變。

設定盡量伸展自己的目標

一個真正的目標必定充滿挑戰性，正因為它具有挑戰性，又是由你自己所選擇的，所以你一定會積極的想完成它。

你若想更好的發展自己，那麼你設定的目標中必須含有某種能激勵你自我拓展、自我要求的要素。

直接目標法

愛因斯坦也大推的成功法，幫你甩開拖延症

一個真正的目標必定充滿挑戰性，正因為它具有挑戰性，又是由你自己所選擇的，所以你一定會積極的想完成它。

如果你為做生意而努力，那麼你可能會賺很多錢。但是，如果你想透過做生意來做一番事業，那麼你就有可能不僅賺很多錢，而且會做一番大事；如果你只為薪水而工作，你有可能只是得到一筆很少的收入。但是，如果你是為了你所在公司的前途而工作，那麼你不僅能夠得到可觀的收入，而且你還能得到自我滿足和同事的尊重。

在一個炎熱的一天，一群人正在鐵路的路基上工作，這時，一列緩緩開來的火車打斷了他們的工作。火車停了下來，最後一節車廂的窗戶——這節車廂是特製的並且帶有空調的——被人打開了，一個低沉的、友好的聲音響了起來：「傑夫，是你嗎？」傑夫．馬歇爾——這群人的負責人說：「是我，威爾，見到你真高興。」於是傑夫．馬歇爾和威爾．懷特——懷特鐵路的總裁，進行了愉快的交談，在長達一個多小時的愉快交談後，兩人熱情的握手道別。

威爾．懷特走後，傑夫．馬歇爾的下屬立刻包圍了他，他們對於他是懷特鐵路總裁的朋友這一點感到非常震驚。傑夫解釋說：「二十多年前我和威爾．懷特是在同一天開始為這條鐵路工作的。」其中一個人半認真半開玩笑的問傑夫，為什麼你現在仍在驕陽下工作，而威爾．懷特卻成了總裁。傑夫非常惆悵的說：「二十三年前我為一小時一點七五美元的薪水而工作，而威爾．懷特卻是為這條鐵路而工作。」

設定盡量伸展自己的目標對你人生方向的影響，一開始可能不會很大，就像航行在大海裡的

巨輪，雖然航向只偏了一點點，一時很難注意到，可是在幾個小時或幾天之後，你便可能會發現船會抵達完全不同的目的地。

有限的目標會造成有限的人生，所以在設定目標時，要盡量伸展自己。

善於改進自己

要想以有限的生命博取更多的精彩，現在就必須開始摒除消極感。只要你能寬恕自己、關愛自己，你就能克服剛愎自用的心理。

在現實生活中，有許多人總想要別人接受自己的意見，因為他們總認為自己是對的，其實，這恰恰是錯誤的，這種想法，使他們沒有改進自己的餘地，也在通往成功的路徑上設下了障礙。

事實上，人們之間觀點意見的異同，取決於身世與環境的各種因素，我們就是靠這些因素來決定我們的意見。而固執己見的悲哀，在於它阻止了成長、進步和充實自己。

那麼，如何能改變這種情況呢？只要你肯聽聽別人的想法，就可以做到。你的意見可能是錯的，你應該有「聞過則改」的雅量。一味的固執己見是一種消極的習性；心胸開闊才是應有的態度。

只要你肯向別人伸出友誼的手，只要你肯學習別人的長處，只要你了解別人和我們一樣有獲得成功的權利，你就不會再固執己見了。嚴重的固執己見容易導致剛愎自用。

你每天的想法都在改變，道理很簡單，因為你每天都不一樣，而且每天的情況也不同，生命就是這個樣子。自然界也因四季的變換而依序進展。你想像一下，如果一棵樹在春天時倔強的拒絕抽發新芽，如果一朵花倔強的拒絕開放，如果一棵蔬菜或一粒果實倔強的拒絕生長或成熟，世界又會是一幅什麼樣的景況呢？十六世紀的法國散文家說：「剛愎與衝動，就是愚蠢的明證。」

要想以有限的生命博取更多的精彩，現在就必須開始摒除消極感。只要你能寬恕自己、關愛自己，你就能克服剛愎自用的心理。

最後，你要明確的是，擇善固執與剛愎自用是有所不同的。假如你經過周詳的考慮之後，發現你的信念對自己和他人有價值，你就應該為這個信念而奮鬥。

這並不是冥頑不化，而是建設性的決定。

提高自我思想的認知

當思想觀念改變時，當人們原先以為他們沒有任何專長的觀點發生了改變時，那些受錯誤觀念束縛的天賦能迅速的大展宏圖。

在日常工作和生活中，許多人經常被一些精神上的「擅自占領者」，諸如偏見、武斷、怯懦、

第六章　大目標可以使你更全面的自我完善

提高自我思想的認知

嫉妒和各式各樣的「怪癖」所困擾。

起初，這些精神上的「擅自占領者」似乎還沒有什麼危害，但是他們會逐漸的變得根深蒂固起來，怎麼也揮之不去。

因此，我們必須清楚的是，我們的身體是建立在我們的觀念基礎上的。我們的身體協調還是不協調，健康還是不健康，完全依我們的慣常觀念和我們先人的觀念而定。有一些人，他們懂得這一教訓後，在短短的一年間，因為他們堅持正確的思維，他們的風貌大變，以致幾乎很少有人能認出他們來。他們以前的那副疑慮重重、愁容滿面、焦慮不安的面孔如今卻寫滿了希望、快樂和喜悅。

這就是說，每個人都應該更新自我思想，提高自我思想認識。

我們許多人都曾有過思想觀念突然更新的神奇經歷。這種觀念更新不期而至，一下子驅散了我們頭腦裡的陰雲，讓歡樂和幸福的明亮光線射進了我們的頭腦，這種觀念更新至少暫時改變了我們的整個人生觀。我們沮喪，覺得一切都黯淡無光時，也許一些好運會突然降臨到我們頭上，或者我們多年不曾見面的一個往日非常要好的親密好友會突然光臨我們的寒舍，正因為從這些事情中獲得了新啟示的滋潤，我們所有的心靈傷害都得到了根治。

有些人認為，思想觀念不可能有多大的改變。他們認為，思想的範圍、界限早已由遺傳註定了。他們還認為：至於我們，能做的無非就是稍微給頭腦一些教養，以使它們稍微光亮一些。但是，有些人卻成功的澈底革新了他們的思想，強化了他們由於先天不足或缺乏鍛鍊而導致的有缺

直接目標法

愛因斯坦也大推的成功法，幫你甩開拖延症

陷的可能，這樣的例子不勝枚舉。比如勇氣，許多非常成功的人曾經完全不具備這種品質，這種情況足以毀滅他的將來，但是，在他們父母和師長們的悉心訓練下，他們一個個變得頑強、堅毅起來了。

一個能激發人奮進的環境，往往能改變大腦的發展，使人形成更大的抱負。一個生長在貧瘠鄉村的孩子也許有從事某一特定行業的巨大天賦，可是，只有適當的刺激才能激起他的個人抱負，才能培養出他做事情的能力。在一些大學生身上，特別是在那些來自鄉下的大學生身上，我們多麼想經常的看到這種突然改變的例子啊！大學生之間思想火花和遠大抱負的交流、碰撞以及接觸到一些催人奮發、感召力強的人物，這些通常能使這些年輕人看到他以前從未意識到的他所擁有的力量，因而這可改變他的整個一生。

有許多這樣的例子，即當思想觀念改變時，當人們原先以為他們沒有任何專長的觀點發生了改變時，那些受錯誤觀念束縛的天賦能迅速的大展宏圖。

如果你希望培養一種才能，或者如果你想提高你的某一項存在缺陷的能力，那麼，就請你盡力想像它的完美形式的圖景。千萬不要想像它那盡是缺點、毛病的模樣。盡力想像它的完美樣子，並將它留在你的思想中，就好像你將擁有它一樣。透過這種暗示的力量，完全可以增強我們的整體能力。

有時，直到被特地的激發出來之前，一些非常強的才能會一直處在潛伏狀態。有許多人被當作懦夫，他們之所以身遭侮辱，是因為從表面上看，他們沒有多少勇氣，但是，只要他們知道該

如何增強勇氣，那他們就能獲得非凡的勇氣。這種勇氣的獲得或者是透過樹立勇敢的信念，或者是透過思索和做一些勇敢的事，或者是透過樹立無所畏懼的思想，或者是透過閱讀一些英雄人物的傳記，或者是透過不停的思索英勇的觀念並盡力把它留存在自己的頭腦中，如此等等。

一個人的勇氣也許很小，因為他的勇氣從未被召喚起來，也從未得到充分的鍛鍊，而他的勇氣也許僅僅只是需要被激發。有許多本來可以做出一番大事業的人卻過著平庸的生活，如果他們休眠的才能得到激發，他們的整體能力就能得到提高和擴大，他們或許能成為思想巨人。

學會堅定的宣稱自己擁有自己缺乏的東西，宣稱這些品質是你神聖的權力，一定要堅信這些是你生來就有的權力。你絕對不能放棄它們，要完全相信它們屬於你，並且你實際上已擁有它們，這樣，你就會更好的提升自己。

追求一種屬於自己的理想人生

每個人都可以成為成功者，但關鍵是要看你自己的努力程度，只要你努力將自身的光芒閃爍於世間，你就能贏得屬於自己的理想人生。

其實每個人都具有成功者的資格，即在起跑點上是一樣的，至於起跑後的差距則是日積月累造成的。雖然每個人都有獲得成功的機會，但是，結果如何，就完全要看個人的努力了。

直接目標法

愛因斯坦也大推的成功法，幫你甩開拖延症

美國選美皇后蜜雪兒出生在阿肯色州的一個小鎮上，她的青春期就像大多數的青少年一樣，生澀、害羞，對自己的將來不知所從。可是蜜雪兒有一些遠比外在美麗更重要的特質，她的氣質清新，風度穩健。從審美的角度來看，她是一塊璞玉，稍加琢磨就能大放異彩。至少她相信自己是這樣的。

於是，她決定要把自己的內在美表現出來。她去練健身，學習儀態，然後報名參加了一場選美比賽。那一場比賽她沒能進入決賽，可是蜜雪兒並不灰心，接著又參加了好幾場比賽，直到參加過十六場選美比賽之後，她終於當選了阿肯色州小姐，然後又成為了美國小姐。之後，她帶著同樣那一份自然芬芳的內在美，以及辛勤努力的工作，踏入娛樂界，目前她已是一個出色的人物了。

這個事例給了我們很大的鼓勵，因為每個人都擁有同樣芬芳的內在美。而最重要的是去找出自己的內在美，並把它表現出來，雖然你不見得會是另一個選美皇后，可是它能使你成為人生的贏家。

很久以前，美國費城的六個高中生向他們仰慕已久的一位博學多才的牧師提出一項請求：「先生，您肯教我們讀書嗎？我們想上大學，可是我們沒錢。我們高中快畢業了，有一定的學識，您肯教教我們嗎？」

這位牧師名叫約瑟夫，他答應教這六個貧家子弟。同時他又暗自思忖：「一定還會有許多年輕人沒錢上大學，他們想學習但付不起學費。我應該為這樣的年輕人辦一所大學。」

於是，他開始為籌建大學募捐。當時建一所大學大概要花一百五十萬美元。約瑟夫四處奔走，在各地演講了五年，懇求大家為出身貧窮但有志於學的年輕學子捐錢。出乎他意料的是，五年辛苦籌募到的錢還不足一千美元。約瑟夫十分沮喪，當他走向教堂為準備下個禮拜的演說詞而低頭沉思時，他發現教堂周圍的草枯黃得東倒西歪。他便問園丁：「為什麼這裡的草長得不如別的教堂周圍的草呢？」

園丁抬起頭望著牧師回答說：「噢，我猜想你眼中覺得這地方的草長得不好，主要是因為你把這些草和別的草相比較的緣故。畢竟，我們常常是看到別人美麗的草地，希望別人的草地就是我們自己的，卻很少去整治自家的草地。」

園丁的一席話使約瑟夫恍然大悟。他跑進教堂開始撰寫演講稿。他在演講稿中指出：我們大家往往是讓時間在等待觀望中白白流逝，卻沒有努力工作使事情朝著我們希望的方向發展。在如此的醒悟下，他又繼續致力於籌建大學，他努力工作，並不斷的獲得人們的認同和讚許，逐漸的，他籌募到建設大學的全部資金，他成功了。

每個人都可以成為成功者，但關鍵是要看你自己的努力程度，只要你努力將自身的光芒閃爍於世間，你就能贏得屬於自己的理想人生。

真誠與職責是人生的主導原則

我們唯一要做的就是發掘出真實的自我，說出和表達出我們的真實感受，然後使我們的想法和行動統一起來——成為你自己。

任何想過充實生活的人必須讓自己活回自己，最好的方法便是大聲說出你的想法。因為我們奉獻給社會的最好禮物就是活出真實的自己。

可是我們總是處在壓抑之中——不要大喊大叫，不要太坦率太豐富了。我們所受的教育告訴我們只說可以被接受的話；唯讀那些教授認為有價值的書；因此，看起來做一個真實的人並不容易，有時候，它常常不能給人滿意的回報。在人際關係中，率直和純真總是含著冒險成分的。於是，我們忍不住並且是不知不覺的戴了一副面具，以避免坦誠相見可能帶來的傷害。

戴上面具是為了遮掩我們所擔心的自身的不可愛。面具、虛偽等各種不真實是用來向別人表露我們不希望別人看見我們，並且藏起來我們不敢揭示的自己。在公共場合你總得扮演一個角色，假裝自己是什麼、不是什麼。人們的地位越高，展現自我的困難就越大，說實話的困難就越多。

然而，做到對自己的誠實並不困難，只要你敢於擺脫既定的社會模式，避免陷入文化的陷阱，把追尋真實作為唯一的目標，能夠真實的面對自己，我們就達到了真實的標準。當我們相信自己的時候，我們就可以自由自在的發揮我們的本性了。我們唯一要做的就是發掘出真實的自我，說出和表達出我們的真實感受，然後使我們的想法和行動統一起來——成為你自己。

真誠與職責是人生的主導原則

人既是自然的，也是社會的，作為一個社會的人，就需要承擔一定的職責，職責貫穿於每一個人的一生。從我們來到人世間一直到我們離開這個世界，我們每時每刻都要履行自己的職責和義務——對上司的職責和義務，對下級的職責和義務以及對同事的職責和義務……。凡是有人生存和活動的地方，都有我們應盡的職責，職責和義務與人們的生活是不可分離的，無論你是尊卑貴賤。

良好而持久的職責觀念是每個人都應具備的最起碼的品德，也是一個人的最高榮譽，因為每一個高姿態的人都必須靠這種持久的職責觀念來支撐。沒有持久的職責觀念，人們就會在逆境中倒下去，在各式各樣的引誘面前把持不住自己；而一旦一個人真正具有了牢固而持久的職責觀念，最軟弱的人也會變得堅強，在逆境中會勇氣倍增，在引誘面前能不為所動。

職責感根源於人們的正義感——這種正義感源於人類的自愛，這種人的自愛之情乃是一切善良和仁慈之本。

職責並非人們的一種思想感情，而是人的生命的主導原則，這一原則貫穿在人類的全部行為和活動之中，受制於每一個人的道德良心和自由意志。一個人的道德良心體現在他所履行的職責之中。如果沒有道德良心來對一個人的行為舉止加以規範的話，那些才智過人的天才之士也完全可能誤入歧途，變得一無是處。只有道德良心才能匡正一個人的行為。

因此，良心是心靈聖殿中的道德統治者——它使人們的行為端正、思想高尚、信仰正確、生活美好。

相信自己並正確的引導自己

每一天都是挑戰，你應該發揮自己的最佳優勢迎接這種挑戰，你應制定目標，了解目標的局限，選擇自己的最佳方案，然後見諸行動。

在人的一生中，不僅有成功，而且還有失敗。如果你回憶過去的成功，你就會喚起成功的信心。如果你回憶過去的失敗，你就會阻礙自己。

如果你失敗了，你懷疑自己，討厭自己，不信任自己，你就不能正確引導自己。

對此，你該怎樣認識自己，提高自己，直到這一切成為你的基本人格呢？下面，為你提供幾點建議：

其一，爭取機會。忘記過去的錯誤，一切重新開始。

人們往往都很敏感脆弱。自我失敗和他人的行為往往容易傷害到我們。然而，我們生活的意義在於今天，我們的機會在於今天。

每一天都是挑戰，你應該發揮自己的最佳優勢迎接這種挑戰，你應制定目標，了解目標的局限，選擇自己的最佳方案，然後見諸行動。

其二，了解你真正的潛力。你應該真正了解自己的內在潛力，了解自己的個性，了解你過去，了解你現在和將來可能要做的事。這是力量，這是你內在意識的覺醒。

其三，要有勇氣，否則，你不會有目標。如果失敗了，就要有勇氣增強自己的力量，堅定自己的信心。

勇氣意味著一種期待感在催促你。你在探索追尋自我未知的一面。你的希望不是被動的，你的動力催促你前進。

其四，勇敢的跨越障礙。光有目標並追求目標還不夠，前進的道路坎坷不平，要達到目標，你就應該闖出一條跨越障礙的路，然後去跨越障礙。

其五，自我完善。追尋目標，要付出巨大的努力，要有自我完善的強烈欲望。你要改變自己，增強自我形象，擴大新的視野；你應該讓生活充滿新的意義。

追尋目標、自我完善就要充分發揮你的想像力、創造力。也許，你感到焦慮，但不能讓焦慮毀掉你。相反，你應該有效的利用焦慮，它會使你堅持不懈。

要勇往直前，因為生活是運動著的，你不能生活在你的昨天。也許，你的童年絢麗多彩，值得流連忘返，然而，你不可能重新回到童年。

所以，你應該前進，這一前進的過程就是你成長的過程。雖然在前進中你難免要摸索，要探尋，要冒險，但是生活中的風風雨雨是人之常情，而且你的探求是明智的，一定會富有創造意義。

因此，不要再在毫無意義的圈子中周旋了，要堅韌不拔，不斷進取，去追求有價值的目標，這才是你生活的真正意義。

盡情體會豐富充實的人生

生活就好像一部好書，你對它體會得越深，書中的意思就體現得越明確，書中的角色就顯得越有血有肉，最後，你會從中得到一種完美的享受。

我們應該相信生活就是對財富和經驗的累積過程。每交一個新朋友，每體會到一個新真理，每一個新的經歷都能使我們活得更加豐富而充實。

生活就好像一部好書，你對它體會得越深，書中的意思就體現得越明確，書中的角色就顯得越有血有肉，最後，你會從中得到一種完美的享受。

要體味並享受人生的美好，需要明確如下幾點：

其一，要有自尊心。

你要對你的思想和行為有深切的責任感，要言而有信，忠於自己，忠於家庭，忠於工作。無論做什麼都要有信心，而且要全力以赴。自己要有內定的標準，不必與別人相比，你只須做到比自己認為可以達到的更好就可以了。

英國首相邱吉爾在最後一年執政期間，有一次參加一項官方典禮。在他後面，有兩個男人在竊竊私語：「大家都說他越來越年老體衰了。他應該下台，讓更有活力和更有才幹的人來主持國政。」等典禮完畢後，邱吉爾轉身去對那兩個男人說：「兩位先生，大家還說他耳聾呢！」邱吉爾知道，自尊之道是根據正當事理而非權宜之計來採取行動，即使受到批評也不動搖。

其二，要信任他人。

要花一些時間來幫助他人實現夢想。你可以用感激與鼓勵作為養料，用協助他人實現抱負的時間作為投資，以培養和增進你和家人、朋友以及同事在生活上的關係。

其三，增加動力。

要知道，個人所受的考驗可使他們更有同情心和愛心，而且也可增強他們的忍耐力與品格。

其四，享受人生的過程。

我們生活在一個重視完成目標、對一切問題都必須立刻解決的社會。但生活要求我們必須一天一天的去過，去品嘗每天那些小勝利的滋味。

生活是多彩的。在這令人興奮的世界中，不要過著乏味的生活。活得最好的人，不是曾經數過最多歲月的人，而是曾經享受過最多生活的人。

直接目標法

愛因斯坦也大推的成功法，幫你甩開拖延症

第七章　做你想做的事

生命中充滿了許多機會，有的足以使你功成名就，對於這樣的機會你是否要主動爭取，好好利用，就得看你自己的決定了。

你有能力扭轉當前的狀況

你越投入，事情就越顯得容易。當你認真的想做，一切就會變得皆有可能，沒有什麼是太麻煩或太困難的，外來的干擾會被視為學習的機會，並能激勵你繼續向前。

生活中，許多人在尋找工作的時候，都不知道自己要做什麼，或是做一些自己不願意做的事。既然知道自己再繼續下去也不會有興趣，就應該果斷的做出決定：轉行或開創自己的事業。做自己喜歡的事情是令人興奮的，也更容易激發自己的想像力和創造力。每個人都必須當機立斷，去做自己想做的事情，當知道自己已經走錯方向時，就要及時的掉轉頭，朝正確的方向走，才會達到理想的目的地。

要改變自己目前的狀況，要讓自己更有自信，要讓自己做事更有成效，我們就必須做出更好的決定，採取更好的行動。

一位頗有名氣的心理學專家在敘說自己最終尋找到自己最喜歡的工作經歷時說：「每次換工作之前，我從來都沒有仔細想過：『我到底要的是什麼？』直到我把那些理想和完美的工作條件列出來。後來我發現，自己有一個特點，就是從小到大一直很熱心，很喜歡幫助別人，同學數學不會，我很喜歡教他；別人籃球打得不好，我自告奮勇過去教他。「因為我相信，只要我可以，別人一定也做得到。在一個很偶然的機會，我參加了一個激發心靈潛力的課程，它給了我非常大的震撼。我發現，自己上了那麼多的課程，學習了那麼多的資訊，卻沒有任何一個課程比得上我

第七章　做你想做的事

你有能力扭轉當前的狀況

的老師安東尼．羅賓，在短短的八小時當中，他所教給我的是那麼多。「我想，假如我以後也能做他所做的事，把一些真正對人們有幫助的資訊，不管用任何管道，書籍也好，錄音帶也好，或者錄影帶也好，都能夠分享給想要獲得這些資訊的人，那該會有多好？我發現，這個工作完全符合我所列出來的各種理想和完美的工作條件，當我了解到這件事以後，我知道，這就是我畢生所尋找的方向。「我曾經聽我的老師這樣說過：『世界上的每一份工作都很好，但是，沒有任何一項工作，比我目前所做的更有意義。因為，他可以藉此幫助別人，來幫助自己。』這句話讓我決定，要一輩子做這件有意義的事情，經過了七八年的堅持，我終於在這個行業嶄露頭角，讓非常多的人和我的學員，得到非常具體的幫助。」

不管你現在的狀況是多麼的不好，也不管你的擔子有多麼重，你絕對有能力扭轉，你所做過的美夢終會有成真的一天。

然而如何才能實現呢？只要你凡事都熱情的去做，拿出你蘊藏於體內的力量來，這股力量可以立即改變你人生中的任何層面，就看你是否有心想把它釋放出來。

你越投入，事情就越顯得容易。當你認真的想做，一切就會變得皆有可能，沒有什麼是太麻煩或太困難的，外來的干擾會被視為學習的機會，並能激勵你繼續向前。

享受膽識帶來的回報

危險的地方看似危險，但它只是客觀條件的艱難，或者根本就只是人們的習慣思維才顯得危險，但這裡少了最大的危險──競爭對手，因此有膽識的人就會在這裡步入「成功的殿堂」。

在競爭激烈的商海中，看似安全的投資方向，必然是人滿為患，一個後來者想要出人頭地，難度可想而知。而思維敏捷的人在創業投資的時候，往往會另闢蹊徑，把錢投在別人不敢投或不願投的地方。

在馬來西亞烏魯卡里亞山的山頂上，有一個海拔一千八百公尺的風景區，這個地方距首都只有五十二公里，氣溫、風景都非常宜人，非常適合建一個旅遊度假區，連以總理為首的政府都對此的進行了考察，想在這裡建一座旅遊飯店。

但是最大的困難在於，在這樣一個高山地區蓋飯店，耗資太大，馬來西亞政府最終還是放棄了這一投資計畫。不久，非常具有創業精神的馬來西亞籍華裔商人林國東來到了這裡。他發覺這個地方海拔高，氣候涼爽，景色優美，非常適合打造飯店。當然，他也看到了在這裡投資的困難，那就是陡坡多，平地少，必須先修路才能談得上進一步的開發。而在這樣的地方修路，簡直就是在地上鋪錢。

但林國東仍然決定在這裡投資，因為他比別人看得更遠。在他看來，假如把這裡建成度假勝地後，那麼這地方以後的發展潛力則可以說是無窮的。他準備拿出他的全部家產投在這裡，不久他向政府申請了在山頂上建造一個旅遊度假區的許可證。一九六五年，他與好友諾亞爵士創立了景亭高地公司，開始了一生中最危險同時也是最輝煌的創業。他在烏魯卡里亞山的山頂上買了一千兩百英畝土地。

他最終在這個地方修築了一條延伸到山頂的公路，這條路使他那個在別人看作充滿風險的投資，變成了一條通向無限商機和巨大財富的坦途。林國東成功了，這次投資的成功，使他成為了一方巨富。

我們由衷的佩服林國東的膽識，他能頂著風頭，把錢投向別人不敢投、不願投的地方，然後享受膽識帶來的回報。

其實，危險的地方看似危險，但它只是客觀條件的艱難，或者根本就只是人們的習慣思維才顯得危險，但這裡少了最大的危險——競爭對手，因此有膽識的人就會在這裡步入「成功的殿堂」。

按照自己的想法去改變

預言未來的最可靠方法就是創造未來。所以，在你確定了目標和使命之後，就應該盡快的著手做起來，不放棄自己的夢想，執著的追求。

直接目標法

愛因斯坦也大推的成功法，幫你甩開拖延症

在這個世界上，沒有什麼比一個決心達成目標的人更有力量。

所以，對於你想要做的事情，你的決定應該非常具體、明確：「我到底想要什麼？」我想成為什麼、做什麼、擁有什麼、追求什麼？

不要給自己任何限制，你唯一需要確定的是：這真的是你想要的嗎？這就是你立刻想要、一直想要、而且非常想要的事物嗎？如果答案是肯定的話，那麼請排除所有你曾經自我設定的障礙，並且大膽直接的說：「是的，我全心全意的想要。」

當你專注於自己真心想做的事情時，你必須先將你以前所有說過的話、做過的事放在一邊，切斷你的後路，從現在開始，只剩下你和你的夢想，你已經不能回頭了。接下來要面對的是：你該如何完成你的夢想。

而對於你將「如何」完成你的夢想，你不要把它和「什麼」是你的夢想混為一談，如果你沒有認清兩者，那麼你將永遠一事無成。因為這個「如何」將會一直打擊你，使你逐漸喪失嘗試的勇氣，最終自我停滯。

很多想成功的人都在等待一個安全的環境，他們希望等所有的風險消失殆盡再出擊。持這種想法的人，一輩子也不會有所成就。

管理大師彼得．杜拉克說：「預言未來的最可靠方法就是創造未來。」所以，在你確定了目標和使命之後，就應該盡快的著手做起來，不放棄自己的夢想，執著的追求。

擁有一點「冒險」精神

要推崇一點「嘗試」精神，因為做事情不可能有百分之百的把握，在穩重決策的同時，必須有「嘗試」精神。嘗試和冒險的精神能大大鼓舞人的士氣。

世界上的任何事情都不可能一蹴而就，要在嘗試中前進，在嘗試中成功。對於那些成功者而言，他們也不是輕而易舉就獲得了勝利的果實，而是在嘗試中逐步接近成功的目標。

要推崇一點「嘗試」精神，因為做事情不可能有百分之百的把握，在穩重決策的同時，必須有「嘗試」精神。嘗試和冒險的精神能大大鼓舞人的士氣。

美國玫琳．凱公司創始人玫琳．凱說：「一個公司的總經理要是能放手讓其他經理人員去冒險，後者同樣會放手讓自己手下的人員去冒險。這樣，每一個經理在自己的範圍內都是決策人。如果兩名經理意見不一，上級經理則支持有能力做出決定的那位經理。當然，也有這樣的時候：一位經理做出的決定最終被證明是錯誤的。在鼓勵經理們冒險的公司中，這種情況是不可避免。但放手讓人們去冒險，並允許他們在冒險時犯錯誤，這一點十分重要。」

而玫琳．凱對採納建議的問題談道：「我們對拒絕採納不合理的建議十分謹慎，因為我們深知，人們對自己的建議十分謹慎，我們還深知，人們對自己的建議遭到拒絕是多麼敏感。批評員工提建議的公司，最終將挫傷員工的自尊心，使他們從此不再提出任何建議。由於認知到這一點，我們總是寫信給建議的人，表示感謝。」

直接目標法

愛因斯坦也大推的成功法，幫你甩開拖延症

在她的公司中，曾經有人向公司提出一個被稱作「盒子裡的生意」的建議，它是幫助第一線人員記帳和安排時間的系統。該系統一開始被採納了，可是實施過程中發現開支很大，而且第一線人員認為它太複雜，於是直截了當的拒絕使用它。

儘管這個建議最終沒有被採納，但是提出建議的人並沒有因此受到冷落。因為那樣做必將挫傷其他人向公司提出自己富有創新精神的想法的積極性。

一般而言，年齡和冒險精神之間，存在一種關聯。經驗越豐富，人就越謹慎；財富越多，人就越想求穩，雖然你還是原來的你，但是你發現自己已經變得不那麼願意承擔風險，也不那麼爭強好勝了。你可能發現自己身上增添了不少循規蹈矩、穩紮穩打、步步為營的傾向。這是很危險的。

因此，如果你身上還有冒險精神，你就不要太謹慎、太穩重。對企業——特別是現代技術發展突飛猛進的行業——來說，過於謹慎、往往會帶來致命的傷害。

總是規避風險、害怕失敗的人，不僅自欺欺人，而且還欺騙了他們的公司，使自己和發展進取的大好機會無緣。他們不僅剝奪了員工成功的機會，而且還註定了他們的企業不能正常運行。

你必須了解你是透過害怕和野心這兩片鏡片，來觀察和評估風險的，而那兩塊鏡片所反映出來的東西，並不是永遠不走樣的。

在決定下注的時間地點之前，一定要認真思考你自己這個因素，包括你在人生奮鬥中所處的確切位置，以及那個位置對你的思維所產生的影響。

冒險下注是一定要做的，即使你知道有可能輸。但一旦籌碼落地，你就不能再想輸了，要想著贏。即使你下的注輸了，你也不用過於灰心喪氣，因為失敗是每個人都必須經歷的事情，是非常正常的。「嘗試」必定要付出一定的代價，在決策時就應該把這種代價考慮進去。

總之，既要敢於「嘗試」，又要盡量減少風險成本。這才是成功之道。

不滿足就向前走

成功的人並不是空洞的夢想者。他們將來的志向是根植於確切的事實。他們是憑藉著有目標的夢想使他們產生不滿足，因為不滿足而刺激他們努力奮鬥，以求成功。

如果你有夢想，即使不能實現，也還是有其價值的，因為這種夢想可使你看到許多可能的機會，這種機會是沒有夢想的人不太容易見到的。

成功的人並不是空洞的夢想者。他們將來的志向是根植於確切的事實。他們是憑藉著有目標的夢想使他們產生不滿足，因為不滿足而刺激他們努力奮鬥，以求成功。「我要從樓梯的最低一級盡力朝上看，看看自己能夠看到多高。」這是美國五大湖區的運輸大王勞倫斯在最初進入社會做事時所說的一句話。

他最初踏入社會時一無所有，而他希望的卻是那樣高遠。他從紐約一步一步走到克里夫蘭，後來在湖濱南密西根鐵路公司總經理之下謀了一個書記的職位。但是他工作了一些時候，便覺得他這份工作過於狹小，已不能滿足其遠大志願了。他覺得這個工作除了忠實的、機械的做事之外，沒有什麼發展。

他辭了這個工作，在陸斯恩大使的手下謀得一個工作——陸斯恩曾任美國國務卿兼美國駐英大使。

一個人要有眼光才有進步，但是眼光也必須時時改進。後來勞倫斯回憶說：「我最初走到克里夫蘭來，原是想做一個普通水手的——這是一種兒童追求冒險和浪漫的思想。但結果我沒當水手，而每日每時與美國最完全的一個理想人物相接觸——就是陸斯恩大使——這也是我的好運氣，他便成為我各方面的理想人物了。」

勞倫斯能夠覺悟到假如他和一個小人物相處，絕不能有很大的發展。於是，他選定了一個大人物，然後以這個人為自己心目中的偶像，他選定了陸斯恩，便為自己樹立了一個理想。他曉得將來想做一個什麼樣的人。

如果你對你的現狀並不覺得不滿意，你便不會想改進你的現狀，也就不會有一種光明前途的理想。但如果你取得一點小成就，並且自滿於這種理想中的成就，那也是你繼續進步的障礙。美好的理想，必須同時有一種想改革現狀使之接近於理想的持續的動力相伴隨。

恐怕你要試走幾條路，然後才能走到你真正想達到的地方。恐怕你難免要調換幾種工作，或回頭望望，但你這種改變必須是根據以往的經驗並經過聰明的考慮。

聰明的人，最初會劃出路線來，並照著路線從他現在的地位達到他想得到的地位。他在中途豎立許多小目標。對於最近的目標積極的付出努力，因為這可以在比較短的時間內實現。他達到這個小目標的時候，覺得有了進步，便感到很高興，然後休息一會兒，又鼓起勁來，豎起第二個目標，向著那裡前進。

人生好像是爬山一樣，你必須有一種達到山頂的強烈欲念，但是如果你只是想，只是不滿於你現在處於山谷中，你是不會到達山頂的；但你如果只是悠閒的望著山頂，或是想像著你已經到了那裡，那你也絕不能到達山頂。要到達山頂，關鍵是，你必須鼓起勁來，努力去攀登。

別害怕犯錯誤

對於錯誤、失敗，只要有效的分析、總結，然後再繼續實踐，就會獲得一定的報酬。失敗並不可怕，可怕的是不對失敗進行分析、總結，這往往是最致命的。對此，本田宗一郎說：「企業家必須善於瞄準不可能的目標和擁有失敗的自由。」

本田宗一郎出生在日本荒僻的兵庫縣的一個貧窮家庭。他的父親是一個在路邊修理自行車的鐵匠。這種早期環境證明在本田最初試製摩托車的日子裡對他很有好處。而且他父親對他解決機械問題的培養在本田早期的訓練中也發揮了很大作用。

本田少年時偏愛試驗，他總是運用富有啟發性的試驗方法，琢磨機器和機械裝置；當他兒時第一次看到汽車時，他陶醉了，就如他在自傳中所敘述的那樣：「我當時忘掉了一切，我跟在車後跑，……我很激動，……我認為正是那時，雖然我僅是個孩子，總有一天我將自己製造汽車的想法變為現實。」

本田註定比其他人更能改變摩托車和汽車工業。在一九五〇年代早期，本田公司終於擠進了擁擠的摩托車行業。在五年內他打敗了兩百五十個競爭對手，使他實現了兒時的製造更先進的汽車的夢想。

而對於他的成功，他做了如下表述：「回首我的工作，我感到我除了錯誤，一系列失敗、一系列後悔外什麼也沒有做。但是有一點使我很自豪，雖然我接二連三的犯錯誤，但這些錯誤和失敗都不是同一原因造成的。」

所以，對於錯誤、失敗，只要有效的分析、總結，然後再繼續實踐，就會獲得一定的報酬。

摒除安逸依賴的思想

每個人的生存空間都是爭取來的，不思進取的依賴行為是非常不可取的，這種習慣是對自身發展的一個桎梏。一旦我們從主觀上滋生了這種安逸依賴的想法，就應該主動摒除掉這種想法。

第七章　做你想做的事

摒除安逸依賴的思想

生活在優越的環境中，固然令人羨慕，但如果安逸依賴，坐吃山空，其結果往往是可悲的。其實，不論環境多麼優越，每個人想要生存，就需要積極進取，學會珍惜自己所處的環境。只有這樣，才能在飛速發展的社會大潮中，開拓出更好的生存空間。

在未來的社會發展中，只有那些主觀努力，積極爭取的人才能更好的生存下去；那些主觀不努力，客觀找原因的人註定被社會所淘汰。

誠然，成功與否與客觀因素是有一定關係的，但成功與否的主動權卻掌握在我們每個人自己的手中。成大事的人都是透過自己的努力，最終成為生活的強者。

在南非一個貧窮的鄉村裡，有兄弟兩人。他們為了脫離窮困的環境，便決定離開家鄉，到外面去謀發展。大哥好像幸運些，被販賣到了富庶的舊金山，弟弟卻被賣到了菲律賓。四十年後，兄弟倆又幸運的聚在一起。今日的他們，已今非昔比了。做哥哥的，當了舊金山的僑領，擁有兩間餐館、兩間洗衣店和一間雜貨鋪，而且子孫滿堂，其中有些承繼衣缽，有些成為電腦工程師等科技專業人才。

弟弟呢？居然成了一位享譽世界的銀行家，在東南亞擁有山林、橡膠園和銀行。經過幾十年的努力，他們都成功了。兄弟相聚，不免談談分別以後的遭遇。哥哥說，我們黑人到白人的社會，沒有什麼特別的日子，唯有用一雙手煮飯給白人吃，為他們洗衣服。總之，白人不肯做的工作，我們黑人統統承接了，生活是沒問題的，但事業卻不敢奢望了。

看見弟弟這般成功，做哥哥的不免羨慕弟弟的幸運。弟弟卻說：「幸運是沒有的。初到菲律賓的時候，只能找些低賤的工作做，但我發現當地的人有些是比較愚蠢和懶惰的，於是便接手他們放棄的事業，慢慢的不斷收購和擴張，生意便逐漸做大了。」

從這個事例中，不難讀出「進取」的要義。兩兄弟在背井離鄉的情況下，都爭取了自己的一番事業的成功。雖然成功的程度不同，卻都有傲人的成績。

由此可見，每個人的生存空間都是爭取來的，不思進取的依賴行為是非常不可取的，這種習慣是對自身發展的一個桎梏。一旦我們從主觀上滋生了這種安逸依賴的想法，就應該主動摒除掉這種想法。

對他人表示關切來謀取成功

對人表示出關切，有時不僅使付出關切的人有一定成果，而且接收這種關切的人也一樣。它是互惠的，當事人雙方都會受益。

在人際交往中，如果我們只是要在別人面前表現自己，使別人對我們感興趣的話，我們將永遠不會有許多真實而誠摯的朋友。

維也納著名心理學家阿德勒說：「對別人最不感興趣的人，他一生中的困難最多，對別人的傷害也最大。所有弱者的失敗，都出自於這種人。」一位文學雜誌主編有一次到某大學講授短篇小說寫作的課。他說，他拿起每天送到他桌上的數十篇小說，只要讀了幾段，就能夠感覺出作者是否喜歡別人。「如果作者不喜歡別人，」他說，「別人就不喜歡他的小說。」這位激動的主編，在講授小說寫作的過程中，曾經停下來兩次，為他的傳授大道理而致歉。「我現在所告訴你們的，」他說，「跟你們的牧師所告訴你們的，是完全相同的東西。但是，請記住，如果你要成為一名成功的小說家的話，你必須對別人感興趣。」朱利安一直試著要把煤推銷給一家大的連鎖公司。但是該連鎖公司繼續從另一個鎮上把煤買來，繼續經過朱利安的辦公室而不進去。有一天朱利安先生在卡內基的班上發表了一段談話，他把連鎖公司罵得體無完膚，說他們是美國的一個毒瘤。但他仍然不懂為什麼他無法把煤賣給他們。卡內基建議他採取一定的技巧。卡內基告訴他可以舉辦一次辯論，題目是：「連鎖公司的分布各處，對國家害多於益。」

在卡內基的建議下，朱利安站在否定的一邊，他答應為連鎖商店辯護，於是他就跑到他痛恨的那家連鎖公司，去會見一位高階主管，他說：「我不是來這裡推銷煤，我是來請你幫我一個大忙。」

他接著把辯論的事告訴他說：「我是來找你幫忙的，因為我想不出還有誰比你更能提供我所需要的資料。我非常想贏得這場辯論，你的任何幫忙，我都會非常感激。」

下面，是朱利安當時尋求幫助的過程和結果的回憶：「我請他給我一分鐘的時間。就是因為這個條件，他才答應接見我的。當我說明來意後，他請我坐下來，跟我談了一個小時又四十七分鐘。這其中他打電話給全國連鎖組織公會，為我要了一份有關這方面的辯論資料。他覺得連鎖商店對人類是一種真正的服務。他很以他為數百個地區的人民所做的服務而感到驕傲。當他說話的時候，眼睛都閃出光芒。我必須承認，他使我看到了一些我以前連做夢都不會夢到的事，他改變了我對整個事物的想法。當我要走的時候，他送我到門邊，把他的手臂環繞著我肩膀，祝我辯論得勝，並要我再去看看他，把辯論的結果告訴他。他對我所說的最後幾句話是：『請在春末的時候再來找我。我想下一份訂單，買你的煤。』對我來說，這簡直是奇蹟。我一句話也沒提出來，他居然主動要買我的煤。我在兩個小時中，因為對他和他的問題深深的感興趣，比十年中我要使他對我和我的煤感興趣所得到的進展還要多。」

對人表示出關切，有時不僅使付出關切的人有一定成果，而且接收這種關切的人也一樣。它是互惠的，當事人雙方都會受益。

敢於表現自己的個性

能夠成就大業的，永遠是那些信任自己的見解的人，是不怕孤立自己的人，是勇敢而有創造力的人，是敢於向規則挑戰的人。

一個人如果不相信自己能夠做成一件從未為他人所做過的事時，他就永遠不會做成它。如果你能覺悟到外力的不足，而不一切都依賴於你自己內在的能力時，那就不要懷疑你自己的見解，

第七章　做你想做的事

敢於表現自己的個性

要信任你自己，敢於表現你的個性。

無畏的氣概、創造的精神，是一切偉人的特徵。對於陳腐的規則和過時的秩序，他們是不放在眼裡的。能夠成就大業的，永遠是那些信任自己的見解的人，是不怕孤立自己的人，是勇敢而有創造力的人，是敢於向規則挑戰的人。

有創造精神的人，總是先例的破壞者；只有懦弱、膽小的人，才不會「破壞」什麼。對於羅斯福總統來講，白宮的先例、政治的習慣，全部失其效力，無論在什麼位置上，無論是警察局長、副總統，還是總統，他總堅持著「做他自己」，堅持著行其所是。

抄襲、模仿他人是不會成功的。成功是創造出來的，是自我的表現，一個人在離開他「自己」時，他就失敗了。

事實上，能夠帶著你趨向於你的目標的力量，就蘊蓄在你的自身中；蘊蓄在你的才能、你的膽量、你的決心、你的創造精神和你的品性中。

成功的人，總是朝著光明而前進。他的心胸是開放的。對於一件事，他不管以前是否有人做過，或者別人是怎樣的做法，他只是做著自己的事。

有這樣一則寓言故事：

有個少年無意間在懸崖邊的鷹巢裡，發現一顆老鷹蛋，他興致勃勃的把它帶回家，放到母雞的窩裡，看看能不能孵出小鷹來。

不久，那顆蛋果然孵出了一隻小鷹。小鷹跟牠同窩的小雞一起長大，每天在農莊裡追逐主人飼餵的穀粒，牠一直以為自己是隻小雞。

有一次，一隻雄偉的老鷹俯衝而下，母雞焦急的咯咯大叫，召喚小雞們趕緊躲回雞舍內，慌亂之際，小鷹也和小雞一樣，四處竄逃。但經過這次事件後，小鷹每次看見遠處天空中盤旋的老鷹的身影，總是不禁喃喃自語：「我若能像老鷹那樣，自由的翱翔在天空上，該有多好。」

這時一旁的小雞就會提醒牠：「別傻了，你只不過是一隻雞，是不可能高飛的，別做那種白日夢了吧。」小鷹想想也對，自己不過是一隻小雞，也就回過頭，去和其他小雞追逐主人撒下的穀粒。

直到有一天，一位動物訓練師和他的朋友路過農莊，他們看見了這隻小鷹，便興致勃勃要教會小鷹飛翔，而他的朋友則認為小鷹的翅膀已經退化無力，勸訓練師打消這個念頭。訓練師卻不這麼想，他將小鷹帶到農舍的屋頂上，認為由高處將小鷹擲下，牠自然會展翅高飛。不料小鷹只拍了幾下翅膀，便落到雞群當中，和小雞四處尋找食物。

訓練師仍不死心，他不斷的把小鷹放到更高的高度，但都沒有成功。在朋友的嘲笑聲中，訓練師再次將小鷹帶上高處的懸崖。小鷹以自己銳利的眼光看去，大樹、農莊、溪流都在腳下，而且變得十分渺小。待訓練師的手一放開，小鷹展開寬闊的羽翼，終於實現了牠的夢想，自由的翱翔於天際。

在現實生活中，你確實可以找到一些自己真正想做的事情，想拚命去做好。但大多數情況下，盡力做好、或僅僅是好好的做，這種心理本身便是阻礙你做事的障礙。不要讓盡善盡美主義妨礙你參加愉快的活動，而僅僅成為一個旁觀者，你可以試著將「盡力做好」改成「努力去做」。

不要讓自己的否定思考阻礙了你的前途的發展，你要對你的事業抱有強烈的希望，你要信賴你自己精神的力量、能力、經驗。如此一來，你的人生將能得到完全的改變。

超脫於繁雜瑣碎的事務之外

不要沉溺於瑣碎的事務中；要善於從這樣的事務中跳出來，從習慣中超脫出來，並不斷創造新的感覺，那麼你將永遠是一個快樂的人。

你雖然不能脫離現實生活，但卻可以做到心靈的超脫。

當你收拾雜物的時候，你可以不為這種單調的小事而煩惱，而可以輕輕的哼著一首童年的歌或輕鬆愉快的小調，讓你的思緒不是停留在事務之中，而是飛到美好的回憶之中；當你在做飯的時候，可以同時與伴侶說著公司裡的新聞；在吃飯時，你可以說一個笑話，引得伴侶和孩子哈哈大笑，食欲大增；當家庭出現困難時，不要埋怨另一半，要安慰自己，學會幽默的對待生活。或許你們結婚以後就沒有去過餐廳了，選一個愉快的日子，在他（她）下班之前打電話給他（她），約定到某個餐館見面，共進晚餐，並談論以往或未來的事情。

有一位這樣的老人，他的妻子在他退休前不久去世了，這使他非常悲傷。此後，他每天晚上

直接目標法

愛因斯坦也大推的成功法，幫你甩開拖延症

下班回家後，就總是坐在電視機前，一直看到睡著為止。不過，他的白天過得還不算糟糕——在公司裡，他是個受人尊敬的品質檢驗員，工作便因此成了他的精神支柱。然而，他退休了，再也沒有工作了。寂寞一下子成了他生活的全部內容。很少有人來拜訪他，甚至很少會有人給他打電話，人們似乎已經忘了他的存在。

沒有精神寄託，老人顯得十分衰老，可是他只有六十歲，他的女兒為此焦急萬分。她記得，在她母親活著的時候，父親的性情總是那麼開朗，精力總是那樣充沛，好像沒有什麼東西能夠難倒他似的，可現在……他好像失去了對生活的興趣。

有一次，女兒提著一個食品袋和一個長方形的禮品小包出現在了父親的面前。「那是什麼？」老人問道，「今天又不是我的生日。」「這是我給你的禮物，」女兒說，「你老是吃醃肉，我真擔心你會營養失調。」他打開了禮物。「是本烹飪書？」「是的，」女兒說，「這是給初學者用的。你喜歡吃的菜餚，這裡都有。」

老人看到這本烹飪書，似乎又找回了生活的興致。女兒走了以後，他將這本烹飪書從頭到尾的翻了一遍，然後認認真真的開始閱讀了起來。沒過多久，他就去買來了許多食物。第一次的試驗是做他最喜歡吃的烤肉。根據烹飪書上提出的要求，他依樣畫葫蘆的做了一遍，不料卻做得相當成功，他覺得自己從來沒有吃過這麼好吃的烤肉，而且，更重要的是，這是他親手烹調的。從此，烹飪成了他生活的新的興致點。

然而隨後不久，他就不再滿足於僅僅是為自己烹調了。這時，他對自己的烹飪技藝已十分有自信，他覺得完全可以在眾人面前露一手了。於是，他開始邀請鄰居和朋友到自己家裡來吃飯，他烹飪的一道道鮮美的菜餚果然贏得了人們嘖嘖的稱讚。他因此也經常得到鄰居和朋友們的回請，這樣，他又結識了許多新朋友，他的客人隨之也越來越多了。

老人不再感到孤獨和寂寞，他又變得那麼開朗，那麼生機勃勃了。

可見，對於現實的缺乏情趣的生活，要不斷改變自己，不斷創造新的情趣，不要沉溺於瑣碎的事務中；要善於從這樣的事務中跳出來，從習慣中超脫出來，並不斷創造新的感覺，那麼你將永遠是一個快樂的人。

回憶美好的事情能振奮精神

人在煩惱的時候，就會想念他們兒時在故鄉吃過的每一種東西。那味道比你今天所吃的所有山珍海味都還要美味。最好吃的食物會使你聯想到在母親懷抱中的安適。

經過回憶作用所選擇、安排和美化的個人往事，往往會使人生的旅程萬里晴空。

回憶可使你進入愉快的過去，因為大多數專家都同意，我們所記得的事情一般情況下是好的多於壞的。歐爾佳在俄國革命後成為政治犯，她被囚禁在聖彼得堡時，她的思想經常「逃出監獄」，閉目冥想很久以前的那不勒斯之旅。「在我腦子裡，」她後來說，「我漸漸能回到久已忘懷的街道，街道上陳列著我以前從未注意到的雜貨店、招牌、面孔；街上的人們在夕陽下啜飲咖啡的街景，而且那個城市不像照片一樣是靜止的。它是活的，充滿了色彩、動作與聲音，栩栩如生。我越是全神貫注，畫面便越鮮明，使我在那幾個小時之內得到了難以言喻的快樂。」

另一位女士的回憶使她的丈夫驚訝不已。她略看了一下她的日記，便開始詳細的描述他們幾年前度蜜月時的情形：房間裡壁紙的圖案顏色、他們在山澗裡捉到的一條身上有著黑綠條紋的魚、山上的松香和蘭花、開滿野杜鵑花香撲鼻的小徑、她丈夫在旅館裡與人打賭時贏了一瓶琴酒……當她說個沒完的時候，她丈夫打開了她的日記，上面只非常簡單的寫了寥寥幾個字，但這位婦人的記憶卻把那頁充滿甜蜜與溫馨的空白全填滿了。

回憶能使我們擺脫生活競爭激烈的壓力，重溫往日清純的生活風味。一位著名的美食家，曾寫過以下這段非常精彩的話：「人在煩惱的時候，就會想念他們兒時在故鄉吃過的每一種東西。那味道比你今天所吃的所有山珍海味都還要美味。最好吃的食物會使你聯想到在母親懷抱中的安適。」回憶過去成長時期那些快樂的日子，就能幫助我們摒除所有的煩惱和憂愁。

回憶是一座美麗的花園。在那裡無論春夏秋冬，都埋藏著名叫過去的種子，只要我們心裡渴望，這些種子就會隨時綻放出朵朵豔麗之花。上蒼賦予我們回憶的能力，使我們在寒冬裡也能看到牡丹和玫瑰的盛開。我們應該捨棄莠草，記住那些芬芳的花朵。

只要你感覺到了快樂，你就會快樂。但如果你老是覺得不快樂，你就不可能快樂。最快樂的人往往是那些想到最有趣念頭的人。所以，如果你覺得不快活，你先要對你的思想進行一番「改革」，然後才能從現實生活中找到樂趣。

其實最快樂的事情，也許只不過是聞到一朵鮮花的芳香；或者是隔著窗簾望見了窗外金黃色的陽光；或者是朋友口中無意講出來的一句溫馨話語；或者是一件小小的仁慈義舉；或者是聽到一首優美抒情的歌曲。

讓自己在心裡去尋找一件件小小的、快樂的事情，並努力去體會，這是在你進入夢鄉之前最有收穫的一次心靈之旅。

直接目標法

愛因斯坦也大推的成功法，幫你甩開拖延症

第八章　做你應該做的事

傑克・威爾許說：「我主要的工作就是去發掘出一些很棒的想法，擴張它們，並且以積極的速度將它們擴展到企業的每個角落。」

去做曾被拖延的事情

不要再拖延了，一個勇敢的行動可以消除各種恐懼心理。不要再強逼自己「做好」，因為「做」本身才是關鍵所在。

在表面看來平靜如水的生活裡，有些人在做事情之前會想：「我要等等看，情況會好轉的。」對於這些人來講，這似乎已經成為他們做事情的一種習慣。他們總是明日待明日，因而也就總是平庸無為。

拖延是一種陋習，如果你真想克服，那麼，就從現在開始，不再拖延，趕緊列出自己的行動計畫。現在就去做曾被你拖延的事情，如寫封信，實施你的寫作計畫。在採取行動之後，你會發現，拖延時間真的毫無必要，因為你很可能會喜歡自己一再拖延的這項工作。而一旦如此，你會打消自己曾經有的各種顧慮。

你可以想一想：「倘若我做了自己一直拖延至今的事情，最糟糕的結果會是什麼呢？」結果往往是微不足道的，因而你完全可以積極的去做這件事，認真分析一下自己的畏懼心理，你會在覺悟後啞然一笑。

在行動上，你可以為自己安排出固定的時間，如週一晚上九點至九點三十分只做曾被拖延的事情。你會發現在這三十分鐘內專心致志的工作，往往可以做完許多曾被拖延的事情。

時間寶貴，假設你今生今世還有六個月的時間，你還會做自己目前所做的事情嗎？如果不會的話，你最好盡快調節自己的生活，現在就去做對你最重要的、曾被你拖延的事情，為什麼？因為相對而言，你的時間是很有限的，因而在任何方面拖延時間毫無道理。

不要再拖延了，一個勇敢的行動可以消除各種恐懼心理。不要再強逼自己「做好」，因為「做」本身才是關鍵所在。你要是希望改變客觀現狀，就不要怨天尤人，而要做些實際工作。

做一個傾聽能手

聽話者要注意自身的立場，不應該對對方所說的話輕易下判斷、做評論，也不要對對方的情感做出是與否的表示。你要使你的情緒處在一種「中性」的狀態下。

對話，一般情況下是雙方的，而每一方都承擔著兩個任務：說和聽。你「說」的時候對方「聽」，你「聽」的時候對方「說」。聽和說之間互相促進，才能使對話順暢的進行。

那麼，在「說」與「聽」之間，哪一方對維持對話更具有重要的意義呢？儘管有觀點認為「說」者占主動，但在某種意義上而言，是「聽」者。因為「聽」可以增加對對方的了解，明白對方的要求和意圖，從而決定你應該向對方怎麼說、說什麼等一系列「說」的行為。

然而，很多人在與別人交談時往往缺少「聽」的功夫。他們根本顧不上別人說了些什麼，有時又急急忙忙打斷別人的談話，或者心不在焉的聽別人談話，有的人甚至斷章取義，把別人的話掐頭去尾，歪解對方談話的意思。

生活中，每個人都曾有過這樣的感覺：當你與別人談話時，如果別人將頭扭向一邊，做出一副愛理不理、漫不經心的樣子，就會使你談話的興致大減，「看他這副樣子，他好像不大想和我談話，算了，不浪費時間！」於是，好好的興致被破壞了，一場談話也只有半途而止。

而另一種情形裡，如果你面對的聽眾對你的話聚精會神，側耳聆聽，你的心情一定會大不一樣，你談話的興致也會大大增加，並且，如果對方邊聽邊點頭，並不斷說「嗯、嗯」，那麼你一定會談興大增，同時你對自己會產生更大的信心，話題也會源源不斷的湧出，思路也會變得清晰流暢。你們雙方的談話會很順暢的進行下去。

而出現上述兩種結果的情形，都是由於善於傾聽的人在無形中發揮了鼓勵對方的作用。如果你在交際場所想要建立良好的人際關係，那麼專注認真的傾聽別人談話，向對方表示你的友善和興趣，將會對你有極大的幫助。

在你傾聽對方講話的過程中，你如果能耐心的聽對方說話，這就等於向對方表示了你的興趣，等於告訴對方「你說的東西很有價值」，或「你很值得我結交」。無形中，你讓說者的自尊得到了滿足，使他感到了他說話的價值。

如何做一個聽話能手，在人際交往中大展魅力呢？

首先，認真聽是最重要的。這是尊重對方的前提，有了前提才會有真誠的交流。接下來，友好而熱情的對待對方並且不時的鼓勵對方，也是尊重對方的重要內容。

做一個傾聽能手

要想成為一個傾聽能手，注意禮貌是在聽人說話時必須具備的。傾聽要專心致志，要用眼光和說話者交流，並呼應對方的講話，表情姿勢都要適合當時的客觀環境。切忌眼光飄忽不定，不要顯出不耐煩的樣子，也不要在聽說話時做其他事情。

要做到會聽，除了熱情禮貌之外，還要學習掌握一些聽的方法，每一個要想在這方面盡量達到完善的人在平時都要注意適當的訓練。

在傾聽中，一些插話是不可或缺的。高明的插話技巧，首先是在掌握時機的前提下，「切入話題，在讓說話者不覺被打斷的情況下，表明自己的疑問，或增加自己新的內容，並且讓談話繼續下去。真正的傾聽能手必須學會在傾聽過程中如何插話，才能使傾聽效果、會談氣氛達到最佳狀態。生活中會遇到很多困難、麻煩，當你的同事或朋友處於這種情況的時候，他極需要一個傾訴對象。他囁囁的說了一會兒又兀自停止，當對方處於這種猶豫、為難的境地時，你可以不失時機的插上兩句安慰的話。

在這種情況下，安慰並給對方一個傾訴機會是我們能做到的。切忌顯得不耐煩，或者轉身走開，或者說兩句不太高興的話。這樣做，都極易刺傷對方，使對方在煩惱和困境中更添精神壓力。

插話要判明形勢、掌握時機，否則，不但插不上話，反而因言語不當引來更大的麻煩。聽話者要注意自身的立場，不應該對對方所說的話輕易下判斷、做評論，也不要對對方的情感做出是與否的表示。即使對方所說是事實，他的憤怒也事出有因，但你的目的是「疏導」他的情緒，因而你要使你的情緒處在一種「中性」的狀態下。

在這種情況下，你可以使用非語言如表情、傾聽姿勢等顯露你的立場、態度，使對方獲得你的認可。不能在語言中表露你的立場，是傾聽技巧中的一條界限，超越了這個界限，你就會陷入傾聽的誤區，從而使一場談話失去了方向和意義。

當然在某種情況下，適當的做出你的判斷、肯定等，能增加這場談話的效果，使對方獲得信心，也有助於建立更完善的人際關係。

盡心盡力做平凡小事

偉大在於你是否具有諸如勤勞、正直、自律、誠實這些人類的美德，在於你是否真正最大限度的展現出了自己作為一個人的價值。

什麼是偉大？對此，諾貝爾和平獎獲得者印度修女德蕾莎說：「我們都不是偉大的人，但我們可以用偉大的愛來做生活中每一件最平凡的事。」德蕾莎修女的話樸素而深刻，她說出了平凡與偉大的辯證關係。

偉大，不在於你是否做出驚天動地的偉業，或者你當上了名人、高官、百萬富翁，甚至總統或將軍，偉大在於你是否具有諸如勤勞、正直、自律、誠實這些人類的美德，在於你是否真正最大限度的展現出了自己作為一個人的價值。

第八章　做你應該做的事

盡心盡力做平凡小事

德蕾莎修女所做的，都是在常人看來再平凡、再低微不過的事。她照顧垂死的病人，為他們洗腳、擦身。在他們去世時，為他們安葬。她沒有顯赫的地位，沒有巨額的資產，她也沒有超凡的才能，她有的只是一顆愛心，是盡自己的所能去幫助那些窮人、不幸的人。一位教育家陶行知當年在寫給大學生的一封信中說：「人生為一大事來，做一大事去。……本來事業並無大小；大事小做，大事變成小事；小事大做，則小事變成大事。小人居高位如在廳裡掛畫像，掛得越高，越見其小。我們試把一部二十四史從頭數，便知道有多少人是把大事小做了。伯斯篤（即巴斯德）當初研究那人眼看不見的微生物，便好像是一件很小的事情。但是等到瘵病蟲被發現以後，因他得救的人足足可以裝滿一整個大城。這是小事大做的結果。」

事實上，平凡的事業也自有偉大的一面，關鍵是看你是盡心盡力的去「大做」，把小事做大，還是只當做一件不得以而為之的職業，敷衍塞責。

陶行知說，種樹栽花，要下面可以安根，上面可以出頭，才有活的可能。人生如此，立國也如此。但有好些人只顧向上出頭，忘了向下安根，所以枯死。他說：「我們應當明白最下層的工作是最重要的工作，這種工作，又必須澈底去做。」

陶行知的話說得平易而深刻。在我們這個社會，做大事的畢竟是少數，多數人從事的都是平凡的工作，而社會的基礎正是平凡人的平凡勞動。就是大事，如開鑿海底隧道，發射太空梭，建造摩天大樓，指揮偉大戰役……它的基礎也是千百萬人的具體而細微的平凡工作。

如果我們都不屑於去做平凡的工作，或對自己平凡的工作不是盡心盡職，「澈底去做」，只顧「向上出頭」，則大事也會落空。

真正偉大的人，能把小事做大，或者在他們看來，只要有益於世，本來事業並無大小。

把自己的位置放得低一些

很多年輕人有時並不能正確擺正自己的位置，大事做不好，小事不屑做。相反，如果能把自己的位置放得低一些，卻會有無窮的動力和後勁。

成功需要透過一個個具體的行動來實現，而不是好高騖遠，不切實際。古羅馬大哲學家說：「想要達到最高處，必須從最低處開始。」

有不少剛踏入社會的學生，自以為讀了不少書，長了不少見識，未免有點飄飄然，做了一點事就以為索取是重要的，對自己獲取到的也越來越不滿意，幾年過去了，自己越想得到的卻越得不到，於是不知足的心理就占據了全身心。這是很普遍的現象。

對生活的不滿和內心的不平衡一直折磨著一位年輕人，直到一個夏天他與同學傑佛瑞搭乘傑佛瑞家的漁船出海，才讓他一下子懂得了許多。

傑佛瑞的父親是個老漁民，在海上打魚打了幾十年，年輕人看他那從容不迫的樣子，心裡十分敬佩。

第八章　做你應該做的事

把自己的位置放得低一些

他問老人：「每天你要打多少魚？」

老人說：「孩子，打多少魚並不是最重要的，關鍵是只要不是空手回去就可以了，傑佛瑞上學的時候，為了繳清學費，不能不想著多打一點，現在他也畢業了，我也就不奢望打多少了。」

年輕人若有所思的看著遠處的海，突然想聽聽老人對海的看法。

年輕人說：「海是夠偉大的了，滋養了那麼多的生靈。」

老人說：「那你知道為什麼海那麼偉大嗎？」

年輕人不敢貿然回答。

老人接著說：「海能裝那麼多水，關鍵是因為它位置最低。」

老人正是把位置放得很低，所以能夠從容不迫，能夠知足常樂。

很多年輕人有時並不能正確擺正自己的位置，大事做不好，小事不屑做。相反，如果能把自己的位置放得低一些，卻會有無窮的動力和後勁。

我們沒有任何理由去鄙視那些所謂低層次的創業者們，他們的創造同樣也讓人聽得有滋有味、羨慕不已。他們受益和成功的進程也最明顯。究其原因，主要是他們沒有心理負擔，沒有包袱，沒有顧慮，把自己的位置放得很低，所以他們成功了，而我們許多人卻沒有這種勇氣。

人經常談抱負和理想，理想和抱負談得多了以後，就會抱怨目前的狀況，工作不好，主管不賞識、不重用，門路太少，局限性太大，自己沒法施展才華等等。似乎這些現實的一切與理想和抱負差得太遠，自己只有突破這些才能擁有美好的未來。可是，事實卻並不像我們所想得那樣，於是更是處處不順心，因而陷入了更深的迷惘困惑中。

你必須明白的是，理想並沒有錯，你也沒有錯，年輕的時候總有一段是這樣度過的。只要你把手頭上的事情做好，始終如一，你就會實現你所想要的東西。不管手頭上的事是多麼不起眼，多麼繁瑣，只要認認真真的去做，就一定能逐漸接近你的目標，終至成功。

繼續走完下一哩路

想要達成任何目標都必須一步步的做下去才行。對於那些初階經理人員來講，不管被指派的工作多麼不重要，都應該看成是「使自己向前跨一步」的好機會。

決心獲得成功的人都知道，進步是一點一滴不斷的努力得來的，就像房屋是由一磚一瓦建砌成的一樣，所以每一次大的成功都是由一個個的小成就累積而成的。漢米敦先生是一個著名作家兼戰地記者，他曾在一九五七年四月的《讀者文摘》上撰文表示，他所收到的最好的忠告是「繼續走完下一哩路」，下面是其中的幾段：「在第二次世界大戰期間，我跟幾個人不得不從一架破損的運輸機上跳傘逃生，結果迫降到緬印交界處的樹林裡。如果要等救援隊前來援救，至少要好幾個禮拜，那時可能就來不及了，只好自己設法逃生。我們唯一能做的就是拖著沉重的步伐往印度走，全程達一百四十哩，必須在八月的酷熱和季風所帶來的暴雨的雙重侵襲下，翻山越嶺長途跋涉。「才走了一個小時，我的一隻長統靴的鞋釘刺到另一隻腳上，傍晚時分雙腳都起泡出血了，範圍像硬幣那般大小。我能一瘸一拐的走完一百四十哩嗎？別人的情況也差不多，甚至更糟糕。他們能不能走呢？我們以為完蛋了，但是又不能不走，好在晚上找個地方休息。我們別無選擇，只好硬著頭皮走下一哩路……」「當我推掉原有工作，開始專心寫一本十五萬字的大書時，一直定不下心來工作，差點放棄我一直引以為榮的教授尊嚴，也就是說我幾乎不想做了。最後我不得不記著只是去想下一個段落怎麼寫，而非下一頁，當然更不是下一章了。整整六個月的時間，除了一段一段不停的寫以外，我什麼事都沒做，結果居然寫成了。」「幾年前，我接了一件每天寫一則廣播劇本的差事，到目前為止一共寫了兩千個，如果當時就簽一張『寫作兩千個劇本』的合約，一定會被這個龐大的數目所嚇倒，甚至把它推辭掉。好在只是寫一個劇本，接著又寫一個，就這樣日積月累真的寫出這麼多了。」

想要達成任何目標都必須一步步的做下去才行。對於那些初階經理人員來講，不管被指派的工作多麼不重要，都應該看成是「使自己向前跨一步」的好機會。

對於有些看似一夜成功的人，如果你仔細看看他們過去的奮鬥歷史，就會知道他們的成功並不是偶然得來的，他們早就投下了無數的心血，打好了堅固的基礎。而一些暴起暴發的人，他們的聲名來得快，去得也快，他們的成功往往只是曇花一現而已，他們並沒有深厚的根基與雄厚的實力。

富麗堂皇的建築物都是由一塊一塊獨立的石塊建造而成的，可是石塊本身並不漂亮，成功的累積也是如此。

把事情做出成績來

不管是金錢、能力，還是地位與事業，在短期間內都不可能有快速的成長，但是在經過了幾年之後，應該做的事情，已經逐漸的熟悉了，這時就可以親身感覺到自己的能力。

事情即使再小，但「只要能做出成績來」，就是一個值得佩服的人，而自己對自己的成績有了自信心，就能增加好幾倍的效力。

如果能夠將小小的成績提高，再不斷的擴充、累積，就可以使你的「自信心」、「知識」、「社會性的信用」逐漸的擴充。雖然，最初只是小小的成績，但在幾年之後或許可成長至幾十倍，甚至上百倍。

不管是金錢、能力，還是地位與事業，在短期間內都不可能有快速的成長，但是在經過了幾年之後，應該做的事情，已經逐漸的熟悉了，這時就可以親身感覺到自己的能力。

但不論做什麼事情，都必須以「好奇心」為其先決條件，而這種「具有好奇心的人」，在現今的社會裡畢竟是屬於少數派，很可能是孤獨的，所以當有一個「構想」時，其觀念越新，則外來的抵抗力就會越大，所以如果你有新的構想，你就必須有一個心理準備。你要想到，在改善日常的工作環境或自我革新時，會受到一些人的抗拒，或者必須做某些方面的犧牲，有時甚至連生命都會受到威脅，有的人就是因為如此，即使有很強烈的好奇心，也不敢輕易的提出，因為一旦提出了改善方案，往往會受到強烈的反對。

為了使你的構想和計畫不至於因為面臨巨大的壓力和周圍人的反對而無法實行，所以必須努力，那就是——從自己會做的事情開始，再不斷的累積小小的成績，然後逐漸的增加贊同你的力量。

當你感覺「這是必要的、是好的、是一定要實現的」事情時，就應該嘗試著去掌握重點，並研究如何使之達成的方法。

在做事情的過程中，即使你遭到反對和抗拒，也必須不氣餒的向前，秣馬厲兵，這種心態是非常必要的。

如果你很幸運，構想得到了公司的認可，但為了克服各種障礙，仍必須順著軌道而行。絕對不可以就此鬆懈，因為社會的環境在不斷的變化，人們的心態也在不斷的跟著轉變，雖然在剛開始的時候，一切都覺得非常新鮮，但總有一天也會漸漸褪色，甚至變得一文不值。像這種事在我們身邊可以說是層出不窮的。在現實的工作環境中，常常會出現這樣的現象：在剛開始的時候，每一個人都充滿了幹勁，不斷提出新的提案和構想，工作環境充滿了活躍的氣氛，就好像起死回生般的出現了奇蹟。但是這也僅僅是一個「短暫」的現象罷了，當有一天這火花消逝時，整個團體又會產生出惰性來。

任何事物的發展都是如此，為了消除一些舊的東西、舊的思維，必須有新的環境及新的來源。同樣的做法、同樣的體制在不斷的持續著，但在剛開始時，一切是多麼的新、多麼的富有創造性，可是在一段時間後，就會變得又老又舊。

當你了解到這一點以後，就應該經常在內心裡自己反省著「這樣做就可以了嗎？」經常在內心裡保持著如何突破自我的心態，而且還必須經常有一股吸取新知識、拋棄舊東西的活力，尤其是必須使自己順應一些新的潮流。

養成從觀察中記憶的習慣

只有多觀察，才能夠使我們的視野更廣闊，從而豐富我們大腦的記憶，想像力才能夠充分發揮，知識面才會不斷擴充。

善於觀察並養成記憶的習慣，是獲取知識的重要途徑。實際上所有正確的結論，也都是觀察得來的。

據《閱微草堂筆記》卷十六記載：蒼州城南，有一座靠近河岸的寺廟，在山門倒塌的時候，一對石頭雕的野獸滾到河裡去了。過了十年，人們準備重修山門，需要把一對石獸打撈出來。但是，河水幽長，到哪裡去尋找呢？起初人們在山門附近的河水裡打撈尋找，沒有找到。有人以為石獸順著流水到下游去了，就出動幾艘小船，拖著鐵耙找了十幾哩路遠，也沒找到。而有一位老河工斷言：「凡河中失石，當求之於上流。」於是，人們照著他的話去尋找，果然在上游幾哩遠的地方把一對石獸找到了。

石獸為什麼到上游去了？老河工把道理敘說了一番。他說：「石頭是堅固沉重的，河沙是稀鬆輕浮的，流水的力量不能一下把石頭沖動，但是被石頭擋回來的水的力量，必定在面對流水的石頭下面，把河沙沖開，形成一個窟窿，這個石頭下面的窟窿擴大到石頭中部，石頭再不能保持平衡，必定倒轉到窟窿裡去。河水再衝擊泥沙，到一定時間石頭再倒轉一次，不斷的倒轉，這個石獸就逆著流水跑到上游去了。」

老河工的話有理有據，但如果他不經過多年的觀察和分析、思考，也絕不會正確的得出石獸在上游的結論。透過這個故事，我們深深領悟到透過觀察來記憶某些事情後，再經過我們認真的分析、思考，就會有正確的結論。

要想掌握更多的知識，就必須透過不斷的觀察，透過記憶，加深對事物的認識，因為只有記憶，才能昇華我們的想像。想像是建立在記憶的基礎上的，將平日觀察時儲存在大腦裡的資料，進行再現、分解、改造、組合，從而創造出新形象，使得我們的知識鮮活的應用於實踐，這才是我們培養從觀察中記憶的習慣的根本。

只有多觀察，才能夠使我們的視野更廣闊，從而豐富我們大腦的記憶，想像力才能夠充分發揮，知識面才會不斷擴充。要知道，所有才思敏捷者，多是得益於他們平時的觀察，透過所觀所感而記住許多難以在書本中學習到的知識。

養成勤於觀察的好習慣，從而加深我們的記憶，於我們的成長和發展是深具意義的。要學會用我們的眼睛去擷取自然界和社會中的潛在知識，勤於觀察，勇於實踐，只有見得多了，才會有廣博的學識。

遇危難時臨危不亂

即使在事業瀕臨絕境時，只要有臨危不亂、力挽狂瀾的信心，只要意志堅定，抱著必勝的信念，就一定能激發出潛力來攻克難關，進而挽回劣勢，轉危為安。

做事情出現危難時，一定要臨危不亂，迅捷、合理、有序的處理隨時可能發生的任何緊急情況，這樣才能轉危為安。

在歐美各國移動百貨公司開始普遍時，日本有個名叫片山豐的青年，認為這種銷售方法不僅富有創造性，而且充滿了人情味，一旦將它引進日本，肯定會大受歡迎。因此，他透過各種途徑籌集大量資金開辦了片山移動百貨公司。這種百貨公司的銷售方法類似於郵購，其目的是讓消費者在家裡購物，也就是使顧客不必去摩肩接踵的百貨公司，顧客可以憑一份商品目錄，訂購他們想購買的東西，然後由移動百貨公司的員工送貨上門。

然而，由於市場擴大得太迅速，資金的需求量激增等一些原因，至一九六一年秋，該公司的經營狀況日趨惡化，片山豐不得不向銀行貸款七十億日元，到年底又再度貸了七億日元，這使他債台高築。

然而片山豐面對這一致命打擊，仍然保持平日的作風，泰然自若，信心百倍，毫不慌張。他星期天依舊精神抖擻的去打高爾夫球；每天早晚的上下班時間，也一如往昔；舉止、神色毫無變化。

他說：「我知道，在這種非常時期，一個經營者一旦率先驚慌失措，或是操心操得瘦了一圈，或是動輒發怒，發脾氣，必將影響到員工的士氣。我不能把痛苦形之於外，否則，員工一定會受到我感染而人心惶惶。只要我自己保持毅然無畏的態度，公司就會有生機……」

在他這樣的頑強精神的感召下，不久就產生了奇蹟，不僅穩定了人心，而且感染並激勵全體員工咬緊牙關、發奮圖強，為公司的復興全力以赴。在最艱苦的日子，雖然片山豐遲發薪水，甚至不發薪水，但是絕大多數員工都毫無怨言的跟著他。

後來，很多員工都說：「當時，我們看到社長一副從容不迫的樣子，不禁精神百倍，而且從來不認為有什麼危機會打垮我們的公司。」八個月以後，公司營運走向正軌，這個結果更給公司上下注入難以形容的信心與勇氣。正是這種信心和勇氣使得老闆與員工、員工與員工之間互勉互助，同心協力，克服了公司的危機，並神奇的重現生機。

由此可見，即使在事業瀕臨絕境時，只要有臨危不亂、力挽狂瀾的信心，只要意志堅定，抱著必勝的信念，就一定能激發出潛力來攻克難關，進而挽回劣勢，轉危為安。

在日常生活中也應如此，不論遇到什麼樣的混亂情況，都要保持冷靜沉著的態度，這樣才能安度難關。

幫助需要幫助的人

羅曼．羅蘭說：「善良不是一門科學，而是一種行為。」也就是說，要表明你的善良之心，不能只停留在口頭上，你要去做出來。

熱心幫助別人，解困濟危，是古往今來做人處世的一條重要原則。對你來說，哪怕是發生在別人身上的事再微不足道，該援手幫助時也要盡己之力援助。

有一則蘇東坡救急的故事：一天，杭州太守蘇東坡碰上了一件棘手的案子。原告說被告欠他十千錢，一年過去了還不還；被告說，今年因天氣不熱，賣扇的生意不好，實在還不起。東坡太守為這兩位原來交情不錯，而今因為欠帳而對簿公堂、撕破了朋友面皮而感到惋惜，於是他就詢問被告賣的是什麼扇子，欠了人家一共多少錢。被告一一告之：「賣的是絹製四扇，有各種顏色，上面畫有山水或花鳥，有的什麼也沒畫，待買主需要時現畫；除欠原告十千錢外，還欠另一個人八千錢。」

蘇東坡略作沉思後要賣扇人快回家拿幾把沒畫的白色絹扇來。被告拿來扇子後，蘇太守在公案上展扇作畫，刷刷點點，石竹草木畫，龍飛鳳舞字，出現在眾人面前。二十把扇子畫完，他將扇子交給那賣扇人，囑咐他：「快拿去賣吧，要一千錢一把」。果然，大堂外原先等候了許多看打官司熱鬧的人，聽說太守親自為一個窮賣扇的畫扇面，那些富家子弟及喜歡收藏字畫的人早就等不及了，賣扇人一出來，扇子就被搶購一空。

就這樣，賣扇人還了原告的錢，又留下八千錢去還另一個人的錢，並將剩下的兩千錢返回大堂交給蘇太守，並連連磕頭致謝。但太守把錢塞到他手裡，哈哈大笑道：「這錢你拿回去補貼家用吧！」在蘇東坡的拒辭下，賣扇人含淚辭別太守走了。

蘇東坡之所以能夠畫扇解困，是因為他有視民如子的高尚品格，事情雖小，卻體現了他崇高的美德和美好的心靈。

這世界有許多有善心的人積小善而成大善，幫助了許多需要幫助的人，使這個世界充滿了關愛、友好和溫暖。

羅曼．羅蘭說：「善良不是一門科學，而是一種行為。」也就是說，要表明你的善良之心，不能只停留在口頭上，你要去做出來。

在現實生活中，有許多事情很小，但我們千萬不能小看這些事情，或許就是這些小小的善事，因為你做了而讓你的生命很美麗，讓你的生活很充實，是你曾為做過這小小的事情而使自己的心靈和情感得到了慰藉和昇華。

該說「不」時就說「不」

拒絕時可著重強調時間上的不適宜，給對方留一個台階，這樣可避免傷害別人的感情。等自己想出拒絕的理由後，再給對方一個答覆。

在現實生活中，有時，會有朋友找你聊天，而當時你卻正忙，別人卻正好想與你長聊，但你卻不想與之長聊，對這種擾煩你的要求，你要適當的拒絕。

為了躲避朋友哈利，倫納德與妻子有家歸不得，不得不躲進了旅館。倫納德和哈利的友誼是公司所有人都知道的。他們白天在一起工作，哈利是個重友情的人，最早，他們經常下班後去吃晚飯，順便談一些輕鬆的話題，後來倫納德厭倦了，開始推託回家。

哈利婚姻上遇到了麻煩，妻子離開了他，去了紐澤西，投入了情人的懷抱。哈利像所有離婚的男子一樣，有點喪失理智，借酒澆愁，每天一下班就纏著倫納德去酒吧，倫納德的妻子為此常常抱怨他。

對此，倫納德採取了一系列措施，但哈利往往在倫納德藉故離開後，就追到倫納德的家裡，他不再喝酒，只是沒完沒了的向倫納德介紹他的想法，並經常說：「我們是世界上最好的朋友，勝過夫妻和所有的合夥人。」而倫納德聽了不得不點頭。

這樣的情況一直持續了三個月，倫納德和妻子實在不能忍受了，於是倫納德在家裡對哈利的談話置之不理，可這不僅沒能阻止他的談話，而且增添了他的抱怨，他說，不管怎麼樣希望倫納德不要拋棄他。

倫納德和妻子商量了很長時間，決定在不能去歐洲旅行之前，只好先住進旅館，等到哈利恢復正常再說。

實際上，倫納德心裡明白，哈利根本就沒有什麼不正常，他只是希望他們的友情勝過一切，但哈利從來就沒有注意到倫納德妻子氣憤的眼睛。

也許有很多人都遇到過這種情況，朋友的熱情讓你害怕甚至恐懼。而朋友之間各自的家庭、工作和其他社會環境，都不盡相同，作為朋友，如果不考慮實際，以自我為中心，強求朋友經常在一塊與你廝守，勢必會給他帶來困難。

有些人之所以害怕對別人說「不」，首先是因為缺乏堅定的自信，總認為自己不如別人，別人彷彿對自己擁有無可爭辯的優勢或特權，自己總覺得不應該也沒有力量去拒絕別人，即使自己已經感到受了侵害，也仍然不能從心裡肯定自己的看法，也不知道怎樣維護自己的權益。

其實，這樣的人在自己的想像中過低的推測了別人對遭受拒絕的承受力，認為別人都會把被拒絕看成是對個人尊嚴的否定，並會因此而感到惱怒，反過來又會責難、冷淡或報復自己。只要他或她一想到要對別人說「不」，就立即感覺到強烈的擔心、緊張、煩躁與不安，好像有錯的不是別人，而是自己，有一種奇特的「問心有愧」的感覺。在這種情緒狀態下，個人難以有效的表達真實的想法，大多數人寧願忍氣吞聲、委曲求全，也不願承受內心的煎熬。其實這種想法是完全錯誤的。

因此，對於生活中遇到的「想拒絕，不知該怎麼說」的情況，要摒棄上述這兩種心理，要學會拒絕，學會拒絕是一門藝術。

下面的拒絕原則可供借鑑：

拒絕時可著重強調時間上的不適宜，給對方留一個台階，這樣可避免傷害別人的感情。有時候，很難當場做出「是」或「不」的回答，這時你可以這樣說：「我還需要一些時間來考慮這件事。」等自己想出拒絕的理由後，再給對方一個答覆。

不要把自己的大好時光浪費的別人的瑣事上了，勇敢的拒絕那些企圖占用你寶貴時間的人吧。

什麼也不能取代勤奮努力

我們至今還未發現哪一種做事的方法不用流汗水就能獲得成功，也從未聽說任何人曾在這方面得意。我們和任何人都明白：成功往往都是靠勤奮努力得來的。

世界上沒有什麼人可以不用勤奮努力、不用工作，輕而易舉的就實現成功。

第八章　做你應該做的事

什麼也不能取代勤奮努力

也許你已被證明智商超常、能力非凡，但要實現你的夢想，你仍必須到處去磨練。也就是說，如果你不以勤奮努力的工作精神工作，你的經濟利益和生活方式就會受到影響。

對於社會上的一些年輕人來講，「混日子」已經成為一種生活方式，就業問題專家曼夫瑞德，在「論工作中混日子」的文章中說過這樣的話：「『混日子』，實際上只會搞垮國家經濟，『盜竊時間』嚴重打擊了國民生產力，他們造成商品成本及服務成本提高，同時還加速了通貨膨脹。」曼夫瑞德請三百一十二家公司的總經理評估他們的員工每週損失時間的總量，得出了這一結論。根據他們所提供的數字，他提出，平均每個員工每週浪費四點三小時。他用這個資料乘以每小時七點四一美元，得出每週每個員工浪費掉三十一點八六美元，這就是每個混日子的實際損耗。

然後，曼夫瑞德用美國非農業、民營事業的員工總數乘上每個員工混日子的損耗數字，得出一筆巨額款項——一千兩百億美元。這筆費用超過了一九八一年全年中所有偷竊商店、詐騙及民營事業員工犯罪行為所造成的損失的總數。

所以，為了避免這種現象，你必須到可以實現目標的地方去，做實現目標必須做的事。也就是說，你必須勤奮努力的工作。

世上沒有任何東西可以取代勤奮努力的精神；天才不能取代，有天才而失敗的人比比皆是；聰明不能取代，聰明反被聰明誤幾乎已成為諺語；教育不能取代，世界上到處都有受過很好的教育而被拋棄的人；唯有勤奮努力才能無往不利。

不可否認，生活中可能出現不勞而獲的事。你可能接受一筆數目可觀的金錢賄賂，可能贏得百萬彩券，可能與富有者結婚，可能碰上好運。但是考慮到這種機會的可能性很小，我們絕不會在星期一早晨的第一件事就計劃做這類事。

因為，我們至今還未發現哪一種做事的方法不用流汗水就能獲得成功，也從未聽說任何人曾在這方面得意。我們和任何人都明白：成功往往都是靠勤奮努力得來的。

從細微處用心著力

應關注未做完的小事，而我們一旦不停的關注那些我們能夠完成的小事，不久我們就會驚異的發現，我們不能完成的事情實在是微乎其微的。

那些成就非凡的大家總是於細微之處用心、於細微之處著力，這樣日積月累，才能漸入佳境，出神入化。

著名雕塑家尤里西斯，有一次在他的工作室中向一位參觀者解釋為什麼自這位參觀者上次參觀以來他一直忙於一個雕塑的創作時說：「我在這個地方潤了潤色，使那兒變得更加光彩些，使面部表情更柔和了些，使那塊肌肉顯得強健有力；然後，使嘴唇更富有表情，使全身更顯得有力度。」

當時那位參觀者聽了不禁說道：「但這些都是些瑣碎之處，不大引人注目啊！」尤里西斯回

第八章　做你應該做的事

從細微處用心著力

答道：「情形也許如此，但你要知道，正是這些細小之處使整個作品趨於完美，而讓一部作品完美的細小之處可不是件小事啊！」

為了強調用心著力於小事的重要性，拿破崙．希爾曾講過這樣一個東方故事：

很久以前，有一個少年十分欽慕英雄，並立志要學會蓋世武功。於是，他拜在一位武師的門下，但武師並沒有教他武功，只是要他到山上放豬。每天清晨，他就得抱著小豬爬上山去，一天之中他要上山下山很多次，要過很多溝，晚上再把小豬抱回來。而師父對他的要求只是不准在途中把豬放下。

少年心裡很不滿，但他覺得這是師父對自己的考驗，也就照著做了。兩年多的時間裡，他就這樣天天抱著豬上山。而他所抱的豬已從十多斤逐漸長到了兩百多斤。

突然有一天，師父對他說：「你今天不要抱豬，獨自上山去看看吧！」

少年第一次不抱豬上山，覺得身輕如燕，他忽然意識到了自己似乎已經進入了高手的境界。

這位少年所做的事，就是在不知不覺中點點滴滴的實現了自己成為一名高手的目標。拿破崙．希爾反覆強調：成功是累積的結果。

應關注未做完的小事，如任其累積，它們會像債務一樣令人焦慮不安。而我們一旦不停的關注那些我們能夠完成的小事，不久我們就會驚異的發現，我們不能完成的事情實在是微乎其微的。

今天就開始行動

趕快行動吧，否則今日很快就會變成昨日。身體力行總是勝過高談闊論。若想欣賞遠山的美景，至少得爬上山頂。

沒有任何事情比開始行動、下定決心更有效果。如果你現在不去做，你永遠不會有任何進展。多數人之所以庸庸碌碌的度過一生，並不是因為他們懶惰、愚笨或習慣做錯事；大多數的人不成功的原因在於他們沒有做對事情，他們不曉得成功和失敗的分野何在。

成功學家布蘭德利在長期對體重過重的人做諮商的經驗中，學到一項原理：許多肥胖的人會以肥胖為理由，拒絕做某些事。例如，他們會說：「當我瘦下來時，我就可以搭遊艇……，或我就可以得到另一份工作……或我將可以搬家……或我就會尋得一份親密關係等等。」

他們像是住在一個神祕的地方，伯尼的朋友畢夏普把這個地方叫做「未來幻象島」。在「未來幻象島」上，每件事似乎都可能發生，但實際上卻沒有任何事情會真的實現，因為你永遠都到不了這個地方。不要等待奇蹟發生才開始實踐你的夢想。今天就開始行動。對肥胖的人來說，每天散散步也不是一件大不了的事，而一旦付諸實行後，這就是一件大成就，何況，散步的確會使過重的體重明顯下降。

不要再去等待乘坐通往人生高峰的電梯了，它不只是已客滿了，而且障礙連連，永遠都修不好了，因此，每一個想要向上前進的人都必須老老實實的爬樓梯。只要你願意爬樓梯，一次一步，

第八章　做你應該做的事

今天就開始行動

那麼我們終將在峰頂相會。

趕快行動吧，否則今日很快就會變成昨日。身體力行總是勝過高談闊論。若想欣賞遠山的美景，至少得爬上山頂。

生命中的每個行動，都是日後扣人心弦的回憶。如果不想悔恨，就趕快行動。行動是打擊焦慮的最佳妙方。行動派的人從來就不知道煩惱為何物。

有機會不去行動，就像有汽車不去加油，永遠開動不了有意義的人生。人生不在於有什麼，而是做什麼。

你現在就可以開始行動，朝著理想大步邁進。

直接目標法

愛因斯坦也大推的成功法，幫你甩開拖延症

第九章　做你最清楚的事

為明日準備的最好方法，就是要集中你所有的智慧，所有的熱誠，把今天的工作做得圓滿。

努力發揮自己的特長

一個人應該努力根據自己的特長來設計自己、量力而行。根據自己的環境、條件、才能、素質、興趣等，確定進攻方向。

每個人的興趣、才能、素質是不盡相同的。如果你不了解這一點，沒有能把自己的所長利用起來，那麼，你將會自我埋沒。反之，如果你有自知之明，善於設計自己，從事你最擅長的工作，你就會有所成就。

遺傳學家經過研究認為：人的正常的、中等的智力由一對基因決定。另外還有五對次要的修飾基因，它們決定著人的特殊天賦，發揮降低智力或升高智力的作用。一般來說，人的這五對次要基因總有一兩對是「好」的。也就是說，一般人總有可能在某些特定的方面具有良好的天賦與素質。

布萊迪由於「那雙笨拙的手」，在處理實驗工具方面感到很煩惱，因此他的早年研究工作偏重於理論物理，較少涉及實驗物理，但是他找了一位在做實驗及處理實驗故障方面有驚人能力的助手，這樣他就避免了自己的缺陷，努力發揮了自己的特長。

珍．古德清楚的知道，她並沒有過人的才智，但在研究野生動物方面，她有超人的毅力、濃厚的興趣，而這正是做這一行所需要的。所以她沒有去攻數學、物理學，而是進到非洲森林裡考察黑猩猩，終於成了一個有成就的科學家。

國際電影明星達斯汀．霍夫曼在「金球獎」的頒獎典禮上接受終身成就大獎時，提到一個真實的小故事。三十年前，有一次，他為了《畢業生》那部電影宣傳，碰巧與音樂大師史特拉汶斯基在同處接受訪問。主持人問史氏，何時是他一生當中最感到驕傲的時刻——新曲的首度公演？功成名就、掌聲四起？史氏都加以一一否認，最後，史特拉汶斯基說：「我坐在這裡已經好幾個小時了，這之間，我一直不斷的為我新曲中的一個音符絞盡腦汁，到底是『一』比較好？還是『三』比較好？當我發現眾裡尋他千百度那一個音符的一剎那，是我人生中最快樂、最驕傲的時刻！」

如同偉大的作曲家心無旁騖、孜孜不倦的尋找一個最能感動他的音符，不管是從事何種行業的人，都必須認識自己的潛能，確定最適合自己的發展方向，否則就很可能會埋沒了自己的才能。

因此，一個人應該努力根據自己的特長來設計自己、量力而行。根據自己的環境、條件、才能、素質、興趣等，確定進攻方向。

不要埋怨環境與條件，應努力尋找有利條件，不能坐等機會，要自己創造條件，拿出成果來，獲得了社會的承認，接下來的事情就能更順暢的做下去。

在競爭中汲取知識

每個人在競爭中都會盡全力爭取勝利，使出渾身本領抓住所有有利於自己的機會。因此，在競爭中最容易學習到別人的長處，吸取到別人最好的經驗。

物競天擇，同樣，一個人要生存和發展就要優於自己的競爭對手，這是個很簡單的道理。反過來某人在一定階段優先於你而進步，或先於你被提拔，也是這個人在他的某些方面必然優勝於你，這是事實。

只有敢於競爭，善於競爭，才能使自己在人群中脫穎而出，在事業發展上卓而不群。

美國第三十五屆總統甘迺迪的家族有句口號：「不能甘居第二。」以這種必勝的競技心理狀態，甘迺迪加入了與尼克森競選的行列。當時，尼克森的聲譽和影響及其競爭選票的工作主要集中在名人雲集的首都華盛頓，相對而言，在各州的影響就小一些，並且對各州的選票抓得也不如華盛頓緊。於是甘迺迪投入精力從薄弱環節開始突破，把重點放在各州，一九六〇年一年內，他搭飛機飛行．六點五萬英里，訪問了二十四個州，發表演說三百五十次，從而贏得了廣泛的聲譽，獲得了大量州民選票，一舉擊敗了實力強大的尼克森，成為美國第三十五任總統。有的人不敢競爭，懼怕失敗，須知，沒有競爭，就沒有成功的希望。

追求成功的過程，是個不斷吸取、不斷進步、不斷競爭的過程。競爭是手段，進步是武器，而從競爭中吸取經驗則是一個基礎性的工作。

對於知識、經驗的不斷吸取、如何吸取，決定了我們自身素質的高低。因此，我們絕對不能忽略吸取經驗與學習的重要性。同時，有一項我們最容易輕視的規律：在競爭中去吸取知識、經驗。競爭是智慧、體力、臨場發揮的綜合素質的較量。每個人在競爭中都會盡全力爭取勝利，使

第九章　做你最清楚的事

在競爭中汲取知識

出渾身本領抓住所有有利於自己的機會。因此，在競爭中最容易學習到別人的長處，吸取到別人最好的經驗。

美國人認為競爭是有益的。他們主張每個人都應該為成功而奮鬥，做得越好的人，應該得到越多的報酬與名譽。另一方面，美國人對於公平的觀念非常敏感，他們主張每個人都必須受到人道上的援助，但是任何人都不能免於競爭，在他們眼裡，碌碌無為才是最可悲的。

一個讚揚成功者的社會較少被嫉妒左右，這是因為這個社會既要求競爭，也要求承認別人的成功。反之，不願意從競爭中吸取他人優點，不承認成功的社會，則是充滿了嫉妒與抱怨的社會。

在現代大學內經常有各式各樣的競爭，特別是許多平庸的人在審查比他們優秀的人的作品時最容易發生。

這種現象在企業裡也屢見不鮮，無能的幹部排擠具有企劃力和創意力的人。

可見，嫉妒是一種到處都見得到的負面感情。但是，在具有競爭性傳統的國家，大家以獎勵競爭、肯定價值作為向成功喝彩的方式，在這些國家中，文化的力量可以防止個人的萎縮，讓個人更積極的行動，探尋其他路徑和方法稱讚卓越的人物，並努力學習他們的優點。

只要善於吸取他人的經驗，就不易被嫉妒所控制。人一旦被嫉妒的心態所左右，他的思想就會發生畸變，他的眼睛就會被蒙蔽，他的行為就會脫離正常的軌道。

善於汲取知識的人，主張靠競爭來獲取成功，在競爭中提高自己，找到成功的途徑。他們所盼望的競爭方式，是人人平等、公正、合理合法的競爭。

優秀的企業家主張這種競爭。他們學習各種高科技的尖端技術，用以提高產品的品質；他們運用各種先進的管理方式，用以提高員工的工作熱情，改良生產效益；他們在千變萬化的市場競爭中吸取別人成功的經驗，加以移植、改良或創新，使自己的企業立於不敗之地。

成功的人看待比自己還成功的人士，自有一套方法。他們接近別人的目的，是學習別人的優點，了解別人的優勢，為己所用，以便充實和武裝自己，使自己變得更強大。因為他們清楚一點：具有那些優秀人才的特質，才有與別人競爭取勝的資本。

生活有多種層面，每個層面均有不同的現象。而我們每個人的經驗和學識，多半來自我們熟知的生活環境和人際圈子。一旦脫離我們固有的圈子，我們就會感到陌生、不解、無所適從。但事實上，對我們來說，這正是絕佳的學習機會。

涉足自己熟悉的行業

作為經營者，無論你是從一個行業轉入另一行業，還是初涉商海，從事一種新的行業，都應該先看看自己有沒有從事新行業的能力。

現今社會，行業分工越來越細，雖然各種行業之間緊密的聯繫在一起，但它們之間還存在著各種隱形的看不見的隔閡，有著各自的發展之道。

第九章　做你最清楚的事

涉足自己熟悉的行業

這對於經營者來說，無論你是初涉商海，還是久經沙場，要去從事一種自己不懂或不太熟悉的新行業，就要謹慎，不可盲目行事。

在市場競爭中，制勝是一門大學問，外行經營難免要碰壁。就拿最簡單的商業銷售來說，經營者要去進貨，什麼時候進貨、什麼管道進貨、進什麼貨、進多少貨，都不能憑自己的主觀願望去決定，而是要根據各類商品的供求情況、品質情況、價格變化情況，以及市場發展動向等各種因素來決定，稍有疏忽就可能造成商品的滯銷和積壓。

對於銷貨，同樣有一套學問。如何宣傳商品，使顧客產生購買欲望；如何接待顧客，達到主動、熱情、耐心、周到的標準；如何使用服務業的語言，使顧客感到謙和有禮，親切入耳；如何把帳算得又快又好又準確；如何處理好銷售上的矛盾等等。

如果購得不好，銷得不快，必然造成商品積壓、資金占用，削弱連續進貨能力，嚴重的會使經營者不賺反虧。

在人類發展史上，不懂其行，誤入其門而遭受慘敗的例子是很多的。就拿炒股來說，現在的大多數經營者只是聽說而已，並沒有實際的操作能力。前幾年，初涉股市的那些經營者或多或少都賺了錢，賠錢的沒有幾個，這就吸引了許多經營者想投資到股市上去。而到了現在的股市就沒有那麼容易了。其實，在西方的股市上，即使玩股票的老手也常常在「黑色星期一」中喪失金銀，何況不懂其道初涉股市的人？

從實際情況來講，作為經營者，無論你是從一個行業轉入另一行業，還是初涉商海，從事一種新的行業，都應該先看看自己有沒有從事新行業的能力。如果自己沒有這方面的能力，而憑自己主觀的良好願望，「見食就餐」，超越自己的實際能力，即使一時吃進了肚子，也是無法將其正常消化和吸收的。

有一位從美術學院畢業的大學生，畢業後分配到一家雜誌社當美術編輯。他每日的工作不過是畫畫插圖，製作版式設計而已，這對他來說輕車熟路，得心應手，為此，他不斷受到上司和同事的好評。但是工作了一年，他嫌薪水少，毅然辭職，自己開了一家美工裝飾公司。開業才幾天，他就承接了一筆十多萬元的裝潢業務。他邀集了十來個人，夜以繼日的忙了起來。一個月後，裝潢工程做完了，他不僅分文未賺，反而蝕本兩萬餘元。

誰都知道利潤極豐的裝潢業務，為什麼他竟會蝕本呢？

其實道理很簡單，同樣一種生意，同樣的條件，內行的做會賺錢，而外行做肯定賠錢。上面說的那位做裝潢的大學生，在畫畫方面他是內行，但畫畫與做裝潢完全是兩回事。他連工程預算都不懂，更不了解人工、原材料等方面的知識，盲目的簽了合約，賠本也就在所難免。

所以，對於從商的人來說，無論做什麼事情，都應該擦亮眼睛，頭腦清醒。不懂其行，切莫盲目入其門。

相信你的能力是獨一無二的

年輕人難免都會「崇拜偶像」，希望找到學習的典型，但不是每個人都能當科學家、發明家。培養一技之長，一步一步去累積自己的個人資源，才是邁向成功的要素之一。

社會上大多數的人，只會羨慕別人，或者模仿別人做的事，而很少有人去認清自己的專長，了解自己的能力。

據調查，有百分之二十八的人正是因為找到了自己最擅長的職業，才澈底的掌握了自己的命運，並把自己的優勢發揮到淋漓盡致的程度。這些人自然都跨越了弱者的門檻，而邁進了成大事者之列；相反，有百分之七十二的人正是因為不知道自己的「對口職業」，而總是彆彆扭扭的做著自己不擅長的事，因此，不能脫穎而出，更談不上成大事了。

如果你用心去觀察那些成功的人，幾乎都有一個共同的特徵：不論聰明才智高低與否，也不論他們從事哪一種行業、擔任何種職務，他們都在做自己最擅長的事。從很多例子可以發現，一個人的「成就」要來自他對自己擅長的工作的專注和投入，無怨無悔的付出努力的代價，才能享受甘美的果實。

境遇是自己開創的，成功的人的成就乃是自己造就的。你不必看輕自己，你要相信你的能力是獨一無二的，你也許正在完成一件了不起的事，有朝一日，你或許真的可以變得「很不平凡」，而成為大家羨慕的成功人士。

直接目標法

愛因斯坦也大推的成功法，幫你甩開拖延症

每個人在年輕的時候都會立志，有的人想當科學家、發明家或者大文豪，個個看起來志向遠大，皆為成大事者之夢。年輕人難免都會「崇拜偶像」，希望找到學習的典型，但不是每個人都能當科學家、發明家。培養一技之長，一步一步去累積自己的個人資源，才是邁向成功的要素之一。

可以說，人生是一個多項選擇的過程，在各種選擇中找到自己的強項，是非常有必要的。舉個例子來說：即使會引起家庭糾紛，也不要因為你家人希望你那麼做，就勉強從事某一行業，除非你喜歡。不過，你仍然要仔細考慮父母所給你的勸告。因為他們已獲得那種唯有從眾多經驗及過去歲月才能得到的智慧。但是，到了最後拿主意時，你自己必須做最後決定。否則，將來工作時，悲哀的會是你自己。

下面，我們提供了一些建議——其中有一些是忠告——以便你選擇自己擅長的工作時做參考：

首先，閱讀並研究下列有關選擇職業的建議。這些建議是由最權威人士提供的。由美國最成功者的一位職業指導專家波頓教授所擬訂。‧如果有人告訴你，他有一套神奇的制度，可指示出你的「職業傾向」，千萬不要找他。這些人包括命理家、占星家、「個性分析家」、筆跡分析家等。‧不要聽信那些說他們可以給你做一番測驗，然後指出你該選擇哪一種職業的人。這種人根本就違背了職業輔導員的基本原則，職業輔導員必須考慮被輔導人的健康、社會、經濟等各種情況；同時他們還應該提供就業機會的具體資料。‧找一位擁有豐富的職業資料藏書的職業輔導員，並在

第九章　做你最清楚的事

相信你的能力是獨一無二的

輔導期間妥善利用這些資料和書籍。．完整的就業輔導服務通常要面談兩次以上。．絕對不要接受函授就業輔導。

其次，避免選擇那些原已擁擠的職業和事業。據調查，在美國，謀生的方法共有二萬多種以上。想想看，二萬多！但年輕人可知道這一點？除非他們找一位占卜師的透視水晶球，否則他們是不知道的。結果呢？在一所學校內，三分之二的男孩選擇了五種職業——二萬種職業中的五項——而五分之四的女孩子也是一樣。難怪少數的事業和職業會人滿為患，難怪上班族之間會產生不安全感、憂慮和「焦急性的精神病」。特別注意，如果你要進入法律、新聞、廣播、電影以及「光榮職業」等這些已經過分人滿為患的圈子內，你必須要費一番大功夫。

再次，避免選擇那些維生機會只有十分之一的行業。例如，銷售人壽保險。每年有數以千計的人——經常是失業者——事先未打聽清楚，就開始貿然銷售人壽保險。根據費城房地產信託大樓的卡梅倫先生的敘述，以下就是此一行業之真實情形。在過去二十年來，卡梅倫先生一直是美國最傑出的人壽保險推銷員之一。他指出，百分之九十首次銷售人壽保險的人弄得又傷心又沮喪，結果在一年之內紛紛放棄。至於留下來的，十人當中一人可以賣出十人銷售總數的百分之九十，另外九個人只能賣出百分之十的保險。換個方式說：「如果你銷售人壽保險，那你在一年內放棄而退出的機會比例為九比一；留下來的機會只有十分之一。即使你留下來了，成大事者的機會也只有百分之一而已，否則你僅能勉強糊口。」

最後，在你決定投入某一項職業之前，先花幾個禮拜的時間，對該項工作做個全盤性的認知。

如何才能達到這個目的？你可以和那些已在這一行業中做過十年、二十年或三十年的人士面談。這些會談對你的將來可能有極深的影響。

記住，你是在從事你生命中最重要且影響最深遠的兩項決定中的一項。因此，在你採取行動之前，多花點時間探求事實真相。如果你不這樣做，在人生歲月中，你可能後悔不已。

在上述這些選擇職業應注意的事項中，不管有怎樣的規定，都應以選擇自己喜歡、擅長的事為根本原則。

認清失敗的本質

沒有人一生從不失敗。失敗是難免的，重要的是不要空耗時間和精力去迴避失敗，而要集中精力應付失敗，做到反敗為勝。

其實，許多我們害怕做的事，難就難在走出第一步。第一步所需要的決心、勇氣和力量，超過了事情順利進行中的一切作為。就像飛機升空，需要巨大的動力，而平穩飛行時，只需以較小的動力維持即可。

由於消極心態，自我設限，使人遇事總是望而卻步；殊不知一旦做了，並沒什麼大不了的。開始去做，在行為上只是一步之差，在心態上卻有千里之遙。

第九章　做你最清楚的事

認清失敗的本質

權威調查研究表明：人們擔憂的事情百分之四十從未發生過；百分之三十的憂慮是過去發生過的事情，是無法改變的；百分之十二的憂慮集中於別人出自自卑感而做出的批評，這些憂慮是多餘的；百分之十的憂慮是那些瑣碎的事情；只有百分之八的憂慮可以列入「合理」範圍，而百分之八當中有百分之四的事情是完全不能控制的。

以上資料說明，引起緊張（害怕）的十個問題中，真正值得擔憂的問題平均還不到一個。

沒有人一生從不失敗。失敗是難免的，重要的是不要空耗時間和精力去迴避失敗，而要集中精力應付失敗，做到反敗為勝。

大多數失敗都是因為放棄，不放棄就不會失敗；只要不服輸，失敗就不是定局。只有放棄，沒有失敗。「放棄」有兩層含義：一是畏首畏尾，根本不敢去做；二是雖然做了，但淺嘗輒止，第一次不成功就澈底不做了。

去做害怕的事，本身就是克服「害怕」的唯一良方，再沒有別的捷徑。不去做，永遠都害怕；做了一件害怕的事，就不會害怕做第二件、第三件；堅決走了第一步，自然就有第二步、第三步……旅程的那一頭，自然就是成功了。

許多人自身素質、能力並不差，但是就是不敢走出第一步，從而失去了充分發揮自己潛力的機會。因為如此，我們需要嘗試。

英國納爾遜勳爵從小就暈船，坐船是他最害怕的事情，而他卻逐漸適應，而且戰勝了這個弱點，最後當上了艦隊司令。為保衛祖國，他在海上英勇戰鬥，因摧毀拿破崙艦隊，而成為英國功動卓著、名揚四海的英雄和世界海軍史上舉足輕重的人物。

當我們害怕做某事時，是因為看到了困難，其實，如果能以積極的心態看，就會看到希望和可能，就會減輕恐懼感。而嘗試之後，便會增加信心和勇氣，信心和勇氣正是取得成功最基本的因素。

行動，是戰勝害怕心理的唯一方法，是成功者的共識。

不要任何事都躬親力行

我們知道，學會授權給別人雖然是困難的，但身為主管的人還是得學會如何恰當的轉移任務，否則永遠免不了疲於奔命，因為一個人的精力是有限的。

對於有些工作，聰明的做法是適宜的授權，如果任何事都事必躬親，那麼，就會被那些繁瑣的細節所淹沒，而感到匆忙、憂煩、急躁。

有一位醫生在替一位企業家進行診療時，勸他多多休息。這位病人憤怒的抗議說：「我每天承擔巨大的工作量，沒有一個人可以分擔一丁點的業務，大夫，你知道嗎？我每天都得提一個沉重的手提包回家，裡面裝的是滿滿的文件呀！」「為什麼晚上還要批那麼多文件呢？」醫生不解的問道。「那些都是必須處理的急件。」病人不耐煩的回答。「難道沒有人可以幫你忙嗎？助手呢？」醫生問。「不行啊，只有我才能正確的指示呀！而且我還必須盡快處理完，要不然公司怎麼辦呢？」「這樣吧，我現在開一個處方給你，你能否照著做呢？」醫生問道。

這位病人聽完醫生的話，讀了讀醫生開完的處方——每天散步兩小時；每星期空出半天時間到墓地一趟。

病人奇怪的問道：「為什麼要在墓地上待半天呢？」「因為……」醫生不慌不忙的說：「我是希望你四處走一走，瞧一瞧那些與世長辭的人的墓碑。你仔細思考一下，他們生前也與你一般，認為全世界的事都得扛在雙肩，如今他們全都沉眠於黃土之中，也許將來有一天你也會加入他們的行列，然而，整個地球的活動還是永恆不斷的進行著，而其他世人則仍是如你一般繼續工作。我建議你站在墓碑前好好的想一想這些擺在眼前的事實。」

醫生這番苦口婆心的勸諫終於敲醒了病人的心靈，他依照醫生的指示，釋緩生活的步調，並轉移一部分職責。他知道了生命的真義不在急躁或焦慮，他的心已經得到平和，身體開始逐漸好轉。

我們每個人都有這種習慣，覺得事情讓別人去做，自己總是不放心，恐怕別人做不好，故不願託付他人。

我們知道，學會授權給別人雖然是困難的，但身為主管的人還是得學會如何恰當的轉移任務，否則永遠免不了疲於奔命，因為一個人的精力是有限的。

凡事都要自己去做，那終將會被繁重的事務壓垮的。要學會相信別人。自己能做好的事情，相信別人也能做好，因為人人都有責任心，也許某些事情放在別人那裡去做會比自己做得更出色。

領導階層一般都會事務纏身，但只要放開手腳，大膽用人，講求工作策略，那麼，就能十分流暢的完成計畫。

愛惜自己的生命儲能

凡是一切足以消耗你生命儲能和精力的活動，都應當設法排除。如果你發現自己遭遇了不幸和錯誤，那麼你當設法及時補救和挽回。

年輕人的生命儲能是不可估量的，他們相信能利用自己這巨大的精力儲備，做出驚人事業來，他們為自己年輕而自豪，認為他們的能力不會有用盡的一天，所以在各個地方、各個方面不知愛惜自己生命的儲能。

飲食無度、不檢點的生活、奢侈的習慣、工作的不認真等等都可以摧殘、減弱他們的生命儲能。直到最後，他們才會大吃一驚，他們開始反思過去、開始質問自己：「我生命的儲能所發出的光亮到底在哪裡？難道我的能力竟然沒有一點效用嗎？」

一個人在一夜之間將辛苦積蓄的金錢浪費掉，固然是可惜，但如果他把精力消耗乾淨，豈不是更可惜嗎？兩相比較起來，金錢的損失和精力的損失孰輕孰重？哪樣更有價值呢？金錢損失以後，還有很多補救的方法；但精力一旦消耗就無法回收，而且隨著精力的消耗，往往還附帶著其他意料之外的損失，比如可能敗壞人格，可能會在無形中埋沒一個人生命中最寶貴的東西。

有的人由於發怒、抱怨、吹毛求疵而消耗了精力。由於憤怒，有的人在這一方面消耗的精力，甚至會超過工作上所耗費的精力。所以，常常發脾氣無異於開啟了生命儲能的水閘，使你最寶貴的精力盡數流走。

有很多人總是把大量精力消耗在無謂的顧慮、煩惱上。他們在未做某件事情之前，就會在心中反覆思慮那件事，不停的考慮是好還是壞，所以等到真要做那件事時，往往就沒有多少精力了。

因此，凡是一切足以消耗你生命儲能和精力的活動，都應當設法排除。如果你發現自己遭遇了不幸和錯誤，那麼你當設法及時補救和挽回。

但你在竭盡全力後，你應該將那件事拋在腦後，不要再多加考慮，千萬不要讓過去的不幸與錯誤再來絆住你前進的腳步。

平凡自有平凡的快樂

在快樂的心境中做平凡的工作，你就會更深刻的感悟平凡的價值與平凡的快樂。工作不分貴賤，只要你安心於做自己所從事的工作，就自然能夠在平凡的工作中尋得工作的樂趣。

直接目標法

愛因斯坦也大推的成功法，幫你甩開拖延症

西方有一句名言：工作著是美麗的。如今，在人才競爭的金字塔中，肯定會有大部分平凡的小人物做龐大而穩定的塔基的。

平凡自有平凡的快樂，當你在平凡中尋到和感到了快樂時，你就不會為平凡而自怨自艾。在快樂的心境中做平凡的工作，你就會更深刻的感悟平凡的價值與平凡的快樂。工作不分貴賤，只要你安心於做自己所從事的工作，就自然能夠在平凡的工作中尋得工作的樂趣。

日本有一項國家級的獎項，叫「終生成就獎」，顧名思義，必然是頒獎給對國家有突出貢獻的人。然而有一屆「終生成就獎」，竟出人意料的頒給了一位默默無聞的小人物，他叫清水龜之助。

清水龜之助是東京郵局的一位普通的郵差，他每天的工作，就是準確而快速的將各式各樣的郵件送到收件人手中。但就是這件平凡而細小的工作，他數十年如一日，從未請假、遲到、早退、曠職。經他手投遞的數以萬計的郵件，沒有發生過任何差錯。不論是狂風暴雨，還是天寒地凍，甚至在地動山搖的大地震中，他都能堅持不懈的完成自己的使命。

有記者問他是否對這個工作感到辛苦時，清水龜之助表示，他並沒有感覺忍受了什麼清苦和寂寞，相反，他無時無刻不在感受著工作的快樂。

他說，每當人們在收到遠方親友寄來的消息時，臉上就會顯現出發自內心的、快樂而欣喜的表情，此時此刻，他就會產生一種由衷的欣慰與快樂。他感覺自己像是一個傳遞快樂的天使，即使在惡劣的天氣，再危險的境況，都無法阻擋他傳遞人生快樂的決心。

終生平凡，而又終生快樂，這平凡的工作就成了有價值的工作，而終生做你認為最有價值的工作，那就是人生最大的快樂。

現實生活中，對於大多數人來講，擁有一份稱心如意的工作是最執著的夢想。儘管由於各種原因，這個夢可能始終不能圓滿，但每一個人都在追求著。當然，追求的方式可能不盡相同，有的人相信「三百六十行，行行出狀元」，因而他們在一個平凡的崗位上默默耕耘，在平凡中體驗工作的美麗。

而有的人則這山望著那山高，今天想做這個，明天想做那個，一味的跳槽，跳來跳去，最終成了「廉頗老矣」。

事實上，能否在工作中享受快樂，最根本的一點就是「專一」。專於此業，並樂此不疲，則其苦也樂。如果不專於你所從事的工作，即便是在別人看來條件優越，於你也依然是無邊苦海，尋不到半點的工作樂趣，只能終日沉浸在苦惱和困惑之中。工作無貴賤之分，無論從事哪項工作，只要你執著於你的事業，做一行，愛一行，養成熱心於本職的良好工作習慣，你就會在工作中體會到無限的樂趣。

只要你有信心從事，哪怕是不起眼的工作，並且強化你的敬業心，你就會很漂亮的邁出人生的第一步，從而走向成功的大道。

追求平凡中的偉大

公司需要的是能夠在平凡中尋求成長的人，所以，能夠認真對待每一件事，能夠把平凡工作做得很好的人，才是能夠發揮實力的人，因此不要看輕任何一項工作。

任何事情都是由點點滴滴的經驗和努力匯聚而成的，因此，真正懂得成功內涵的人，都非常重視累積的過程。

在整個社會系統中，除了一些特殊的人從事特定工作之外，一般人的工作都是很平凡的。雖然是平凡的工作，但只要努力去做，和周圍的人配合好，依然可以做出不平凡的業績。

小至個人，大到一個公司，他們的成功發展，正是來源於平凡工作的累積。公司需要的是能夠在平凡中尋求成長的人，所以，能夠認真對待每一件事，能夠把平凡工作做得很好的人，才是能夠發揮實力的人，因此不要看輕任何一項工作。

對於澳洲上空的溫室氣體排放量問題，科學家們認為是由大的羊群和牛群放屁所引起的。

針對這個問題，科學家們開始了研究，他們將一種特殊的設備繫在羊身上，以收集和記錄綿羊排放的臭屁中所含的甲烷氣體的數量，結果發現，澳洲的牲畜每年向空氣中排放三百萬噸甲烷。一頭牛平均每天排放兩百八十升甲烷，而一升甲烷的溫室效應影響是汽車排放一升二氧化碳的二十倍。據統計，牛、羊排放到大氣中產生溫室效應的氣體占澳洲整個溫室氣體排放量的百分之十四，澳洲的牧場成為僅次於汽車的第二大溫室氣體來源。

第九章　做你最清楚的事

追求平凡中的偉大

這一統計結果令人大吃一驚，科學家們立即著手為解決這一問題而進行研究。二〇〇一年六月，澳洲科學院宣布，已研製出一種疫苗，該疫苗可降低牛、羊等動物放屁時所含的甲烷含量，從而緩解使全球氣候變暖的溫室效應。

科學家們說，這項進行了三年的疫苗研究工作已有成果，這種疫苗可以透過調節動物胃內的有機體來阻礙甲烷的產生。澳洲農民也積極參與到疫苗實驗工作中來。澳洲科學院要求農民與當地組織聯繫，儘早表達他們對疫苗的興趣，以確保各方對疫苗研究及其使用的支持。預計這種疫苗將從二〇〇五年開始全面推向市場。

還有一則近於黑色幽默的故事，說明了小事情如何能成為影響人類歷史的大事情。

美國鐵路兩條鐵軌之間的標準距離是．一點四八公尺。這是個很奇怪的標準，它究竟從何而來呢？

美國鐵軌間距的標準其實就是英國的鐵路標準，因為美國的鐵路最早是由英國人設計建造的。那麼，為什麼英國人用這個標準呢？原來英國的鐵路是由建電車軌道的人設計的，而這個．一點四八公尺正是電車所用的標準。電車軌道又是從哪裡來的呢？原來最先造電車的人以前是造馬車的，而他們是用馬車的輪寬作為標準的。那麼，馬車為什麼要用這個既定的輪距標準呢？因為如果那時候的馬車用任何其他輪距的話，馬車的輪子很快會在英國的老路上撞壞的。為什麼？因為這些路上的轍跡的寬度為．一點四八公尺。這些轍跡又是從何而來呢？答案是古羅馬人定的，．一點四八公尺正是古羅馬戰車的寬度，如果任何人用不同輪寬的戰車在這些路上行駛的話，他的輪子的壽命都不會長。而古羅馬人為什麼用．一點四八公尺為戰車的輪距寬度呢？原因很簡單，這是兩匹拉戰車的馬的屁股的寬度。下次你在電視上看到美國太空梭立在發射台上的雄姿時，你留意看，在它的燃料箱的兩旁有兩個火箭推進器，這些推進器是由設在猶他州的工廠所提供的。如果可能的話，這家工廠的工程師希望把這些推進器造得再胖一點，這樣容量就可以再大一些，但是他們不可以，為什麼？因為這些推進器製造好後，要用火車從工廠運到發射點，路上要通過一些隧道，而這些隧道的寬度只比火車軌道的寬度寬了一點點。

故事是頗為有趣的。從一定意義上說，今天世界上最先進的運輸系統的設計，或許是由兩千年前兩匹戰馬的屁股的寬度決定的。

可見，人類的很多大事情，都需要從小事情做起。

認真權衡自己的能力

這種內在的克服危機的推動力，是我們生命中最神奇、有趣的東西。它存在於每個人身上，就像自我保護的本能一樣。在這種求勝本能的驅使下，我們步入了人生賽場。

無論你從事什麼行業，無論你擁有什麼樣的技能，你都應該力爭在該領域處於優勢位置，而不應強迫著自己去做自己不擅長的事。儘管你可以為一個目標而有雄心壯志，但那個目標一定要合你的「胃口」。

有人曾詢問卡內基，他們能否克服危機？他們是否具有與眾不同的價值？卡內基的回答是：「你當然可以克服危機，你完全有克服危機的潛力，但你最終是否一定能克服危機，就完全取決於你自己了。如果你具有一種克服危機的力量和願望，就沒有什麼可以阻擋住你，如果你沒有這樣的力量和願望，即便你接受過再好的教育、再有利的外界因素，都不足以讓你克服危機。」

對於一個人而言，沒有什麼比你的人生態度更重要了，這種態度包括你對自己的評價以及你對未來的期望。如果你的人生態度消極而又狹隘，那麼與之相對應的就只能是平庸的人生。切莫懷疑自己有實現目標的能力，否則就會使你自己的決心大打折扣。如果你有足夠的決心並為之付出了堅韌的努力，你就有可能成為你工作的公司的合夥人，而不再只是一個小職員。如果你不具備這樣的決心，你就會看到那些條件不如你、但有著更大決心的人跑到你前面去。如果你不好好利用機會往上爬，你就只好抱怨運氣不佳了。

要知道，一個人的成長在很大程度上依賴於某種激勵。可以說，人的每一次行動都需要激勵。如果缺乏內在的動力，我們就不會自覺的去做任何事情。對一個普通人來說，生命中最大的推動力往往也來自於要在社會上安身立命、出人頭地的願望。

正是一種神祕的力量將亞伯拉罕．林肯從小木屋推向了白宮；對北極的幻想使探險家羅伯特．皮里樹立了征服地球極點的目標，在經歷了無數次的失敗之後，這個幻想終於將他送到了地球的極點；堅定的理想同樣使得年輕的班傑明．迪斯雷利從英國的下層社會躍入上層社會，直到

直接目標法

愛因斯坦也大推的成功法，幫你甩開拖延症

最後成為一個世界大國的首相，居於社會和政治權力的中心。

這種內在的克服危機的推動力，是我們生命中最神奇、有趣的東西。它存在於每個人身上，就像自我保護的本能一樣。在這種求勝本能的驅使下，我們步入了人生賽場。人們工作的最好回報是實現了自我，超越了自我，並且經過努力實現了克服危機的理想。

我們透過有效的工作來獲得自己所追求的東西，來實現自己克服危機的雄心壯志。而在向上攀登的過程中，我們必須付出巨大的努力，並承受一般人所難以承受的艱辛。這也是富人子弟難以取得個人成功的原因之一，他們往往缺乏向上攀登的巨大動力，但是，正是這種動力激勵著我們去實現自己的理想。

每個人都有屬於他自己的工作。在電腦天才比爾．蓋茲和股神巴菲特看上去很簡單的事情，對你來說也許根本無法完成。

因此，重要的是，你應該認真衡量一下自己的能力，恰當的推斷自己成功的可能性，這有助於你今後事業的發展。

視野要開闊，姿態要低矮

有遠大志向，才可能成為傑出人物。但要成為傑出人物，光是志向高遠還遠遠不夠，還必須

第九章　做你最清楚的事

視野要開闊，姿態要低矮

從最低階的事情學習做起。

在你還默默無聞、不被人重視的時候，不妨試著暫時降低一下自己的物質目標、經濟利益或事業野心，做好一個普通人的普通事，這樣你的視野將會更開闊，或許你還會發現許多意想不到的機會。麥肯納金公司是一九八〇年代美國相當著名的機械製造公司，其產品銷往全世界，並代表著當今重型機械製造業的最高水準。但許多大學生畢業後到該公司求職均遭拒絕，原因很簡單，該公司的高技術人員爆滿，不再需要各種高技術人才。

亞岱爾是哈佛大學機械工程系的高材生。和許多人的命運一樣，在該公司每年一次的用人測試會上被拒絕申請，但他一直渴望成為該公司的技術人才。所以，他並沒有死心，他發誓一定要進入麥肯納金重型機械製造公司。於是，他採取了一個特殊的策略——假裝自己一無所長。

他先找到公司人事部，提出願意為該公司無償提供勞動力，請求該公司分派給他任何工作，他都不計任何報酬來完成。對於這樣的要求，該公司當然是滿口答應，於是便分派他去打掃工廠裡的廢鐵屑。亞岱爾勤奮認真的重複著這種簡單而勞累的工作。為了糊口，下班後他還要去酒吧打工。這樣，一年過去了，他雖然得到老闆及工人們的好感，但是仍然沒有人提到聘用他的問題。

後來，該公司面臨一項危機，公司的許多訂單紛紛被退回，理由均是產品品質問題，公司將為此蒙受巨大的損失。公司董事會為了挽救頹勢，緊急召開會議商議對策，當會議進行一大半卻未見眉目時，亞岱爾闖入會議室，提出要直接見總經理。在會上，亞岱爾對這一問題出現的原因提出了令人信服的解釋，並就工程技術上的問題提出了自己的看法，隨後拿出了自己對產品的改造設計圖。這個設計非常先進，恰到好處的保留了原來機械的優點，同時克服了已出現的弊病。

總經理及董事會的董事見到這個臨時清潔工如此精明在行，便詢問他的背景以及現狀，隨後，亞岱爾當即被聘為公司負責生產技術問題的副總經理。原來，亞岱爾在做清潔工時，利用清掃到處走動的特點，細心察看了整個公司各部門的生產情況，並一一作了詳細記錄，發現了所存在的技術性問題並提出了解決的辦法。

為此，他花了近一年的時間進行設計，獲得了大量的統計資料，為最後一展才幹奠定了基礎。

有遠大志向，才可能成為傑出人物。但要成為傑出人物，光是志向高遠還遠遠不夠，還必須從最低階的事情學習做起。

拖延是阻礙進步的惡習

要克服因拖延所帶來的疲累感，不妨試著從工作中尋找努力的意義，或是尋求某個你信服的價值觀或做事方法，如果必要的話，想像工作完成後的成就感。

凡事都留到明天處理的態度就是拖延，這不但是阻礙進步的惡習，也會加大生活的壓力。

雖然大多數人拖延的主要原因只有一個——害怕失敗。但是喜歡拖延的人總是有許多藉口：工作太無聊、太辛苦、工作環境不好、完成期限太緊迫等等。

第九章　做你最清楚的事

拖延是阻礙進步的惡習

所以，從現在起就下定決心洗心革面。拿支筆來，將下面對你最有用的建議畫條線，並且把這些建議寫到另一張紙上，再將它放在你觸目可及的地方，如此將有助於你擺脫拖延。．列出你立刻可做的事。從最簡單、用最少的時間就可完成的事開始。．持續三十分鐘的熱度。要求自己針對已經拖延的事項不間斷的做三十分鐘：把鬧鐘設定每三十分鐘響一次；然後，著手利用這三十分鐘；時間到時，停下來休息一下。休息時，可以做個深呼吸，喝口咖啡。之後，欣賞一下自己這三十分鐘的成績。接下來重複這個過程，直到你不需要鬧鐘為止。．把工作的情況告訴別人。讓關心這份工作的人知道你的進度和預定完成的期限。注意「預定」這個詞彙，你要避免用類似「打算」、「希望」和「應該」等字眼來說明你的進度。告訴別人的同時，除了會讓你更能感受到期限的壓力外，還能讓你有聽聽別人看法的機會。．保持清醒。有拖延惡習的人總是覺得疲倦不堪。你以為閒著沒事會很輕鬆嗎？其實，這是相當累人的一種折磨。不論他們每天多麼努力的決定重新開始；也不管他們用多少方法來逃避責任；該做的事，還是得做，壓力不會無故消失。事實上，隨著完成期限的迫近，壓力反而與日俱增。

要克服因拖延所帶來的疲累感，不妨試著從工作中尋找努力的意義，或是尋求某個你信服的價值觀或做事方法，如果必要的話，想像工作完成後的成就感。

喜歡拖延的人，通常都是表面的完美主義者。完美主義者的要求如此之高，面對批評的容忍度又如此之低，以致他們成為毫無活力的人。

這樣的完美主義者，他們會無限的延長工作完成的時間，因為他們需要多一點時間，讓工作更完美，而忽視別人的需要。他們以為只要他們一直在做事，就表示還沒有完成；只要還沒有完成，他們就可避免別人的批評。他們甚至覺得，即使他們什麼事都沒有做，也還是比別人優越。

這樣的「完美主義」不要也罷！如果你想擺脫拖延，就開始努力工作吧！雖然這樣無法保證你不會被批評，不過，如果你連做都不做，失敗是一定無法避免的。假使你的最佳表現也不夠好，那麼，就從錯誤中學習吧！

聆聽得越多，學到的越多

要想成為一個受歡迎的人，我們一定要學會全心全意的聆聽，這樣不僅可以糾正偏見，也可以取長補短。

聆聽的出發點是為了了解，而非為了反應，即可透過言談設身處地的了解一個人的觀念、感受與內在世界。

這裡所說的設身處地是指了解對方的觀點和看法，也就是聆聽者不只是對談話者的話語做出反應，而且由於仔細聆聽，不斷感覺談話者透露的訊息的含義，並適時的做出回饋。這種聆聽方式與被動的做出反應不同，而是更積極主動的參與到談話者的思路之中。

美國著名黑人主持人歐普拉．溫芙蕾，她主持的電視新聞晨間節目以及電視談話節目《歐普拉．溫芙蕾秀》獲得了高收視率。而她滿懷興趣和同情的聆聽，使她與現場觀眾和收視者關係極為密切，她聆聽的專注程度使她在觀眾中極有人緣。美國傳記作者兼評論家艾斯為此特別指出：「一般來說，廣播電視的訪談者只是提出問題，卻並不認真回答，他們的心思放在其他事情或是下一個新問題上，但歐普拉仔細的傾聽來賓們的談話，並且利用談話的內容使主題步步引向深入，這就是她適應當今時代的風格。由於對觀眾和來賓的生活進程充滿關懷，由於能與他們進行交流，這種風格大獲歡迎。」

同樣的，美國著名談話節目主持人賴瑞．金開出健談的處方之一也是：「要善於訪談，首先要善於聆聽」；「要想學到什麼，只有多聽」；只要「願意聆聽，就會成為交談大師」。這些明星主持人和演說家總結出了談話藝術的兩個原則：第一是少說話，第二是要做一個良好的聽眾。這確實是交談的要訣。

與人交際，如果驕傲自大，目中無人，或對人疑心重重、左右不放心的人，是無法與人建立起良好關係的。而透過自身的言談舉止獲得別人的尊重和信任的人，則會成為受歡迎的人。因此，要想成為一個受歡迎的人，我們一定要學會全心全意的聆聽，這樣不僅可以糾正偏見，也可以取長補短。

在這個世界上，有許多人都具備優秀的想法，他們都想練就優秀的口才將自己所思、所想準確的表達出來，而透過全心全意的聆聽，你就會受益匪淺。

光說不做無益於事

只有今天，才能展現人生的意義，只有今天，才能描繪意想中「明天」的畫卷。「努力請從今日始」，應該成為我們的行動格言，應該用智慧開掘今天的寶藏，用汗水開發今天的生活。做什麼事情，只停留在嘴上是不夠的，關鍵是要落實到行動上。

投身慈善事業的艾麗雅阿芙拉夫人曾向克莉絲汀夫人談及她的成功之道，她說：「我發現，如果我要完成一件事情，我得立刻動手去做，空談無益於事！」

只有今天，才能展現人生的意義，只有今天，才能描繪意想中「明天」的畫卷。「努力請從今日始」，應該成為我們的行動格言，應該用智慧開掘今天的寶藏，用汗水開發今天的生活。

一位年輕畫家拿著自己的作品向大畫家柯洛請教。柯洛指出了幾處他不滿意的地方。「謝謝您，」年輕畫家說，「明天我全部修改。」

柯洛激動的問：「為什麼要明天？您想明天才改嗎？要是你今晚就死了呢？」

許多人也知道時間珍貴，可總是抓不住，這是什麼原因？一個重要的原因是這些人往往只寄希望於「明天」，這些人的一個共同特點，就是喜歡向後「預支」時間，總是一次又一次的把希望寄託在明天，所以，許多寶貴的學習時間就這樣的在自我安慰中悄悄的跑掉了。

為什麼人們對於現狀明明不滿意，可是卻不願意努力去改變呢？那是因為他們知道任何改變都會把他們帶向另一個未知，而大部分人對於未知多會抱著一種恐懼的心理，唯恐它會帶來一些

第九章　做你最清楚的事

光說不做無益於事

預料不到的痛苦。這都足以證明人們喜歡做自己熟悉的事，也無怪乎人們都不願拿出行動，去改變自己的命運。

如果你想實現自己的目標，建立起屬於自己的事業，那麼，就得抓緊時間，把握現在，如果你不知如何下手，可以嘗試如下步驟：

首先，寫下四個已經拖延很久但得馬上執行的行動。也許是找工作、減肥或重新聯絡一位老朋友等等。

其次，在這四個行動之下各寫下這些問題：為什麼我先前沒有行動？是不是當時有什麼困難？回答這些問題有助於你認知躊躇不前的原因，乃是跟去做的痛苦有關，因而寧可拖延。如果你認為這跟痛苦無關的話，那麼不妨再多想一想，或許是這個痛苦在你眼裡應該微不足道，以至於你並不認為那是痛苦了。

最後，寫下如果你不馬上改變所會造成的後果。如果你不停止再吃那麼多糖分和脂肪，那麼會怎麼樣？如果你不打這通認為應該打的電話會怎樣？如果你不每天運動的話，對健康會有什麼影響？兩年、三年、四年以及五年後會生出什麼樣的毛病？如果你不改變的話，在人際關係上得付出什麼樣的代價？在自我形象上會付出什麼代價？在錢財上會付出什麼樣的代價？

對這些問題你要怎麼回答呢？可別只是說：「我得破點財。」或：「我會變胖。」這種回答是不夠的，你得找出能使你感到痛苦的答案，那麼這時痛苦便會成為你的朋友，幫助你走向另一層次的人生。

直接目標法

愛因斯坦也大推的成功法，幫你甩開拖延症

人生可有效利用的時間並不是很多，你在人生中真正能抓住的時間就是現在，就是今天。

第十章　做你確信正確的事

根據其他一些人的判斷而決定自己的選擇是危險的，必須想辦法避開，因為他人的觀點可能有偏見，而且經常有偏見，因此，你要做你確信正確的。

最困難的才是最美好的

愛默生說：「真正的快樂不見得是愉悅的，它多半是一種勝利。」沒錯，快樂來自一種成就感，一種超越的勝利，一次將檸檬榨成檸檬汁的過程。

實際上，人在成大事的過程中，皆有失敗的可能。如果失敗了，就需要你迸發出反敗為勝的勇氣和力量。

心理學家阿德勒終其一生都在研究人類及其潛能，他曾經宣布他發現了人類最不可思議的一種特性——「人具有一種反敗為勝的力量。」

愛默生說：「真正的快樂不見得是愉悅的，它多半是一種勝利。」沒錯，快樂來自一種成就感，一種超越的勝利，一次將檸檬榨成檸檬汁的過程。

安東尼奧的雙腿殘障，但他每天都充滿溫煦的笑容，樂觀非常。當有人問他的腿殘障的事情時，他面帶微笑的說：「事情是發生在一九二九年，我到山上去砍伐山胡桃木，我把木材堆在我的車上，開車回家。忽然一根木條滑下來，正在我急轉彎時，木條卡在車軸上，我立即被彈到一棵樹上，脊椎骨受了傷，雙腿因此癱瘓。當時我二十四歲，從那以後，我再沒走過一步路。」

而人們問他怎麼能這麼勇敢的面對現實時，他說：「我不能！」他說他當時憤怒抗拒，怨恨命運捉弄。但是年歲漸長，他發現抗拒對自己毫無幫助，只不過使自己變得尖酸刻薄。「我終於體會到，」他說，「別人都和善禮貌的對我，我起碼也應該禮貌和善的回應人家。」

第十章　做你確信正確的事

最困難的才是最美好的

過了這些年，人們問他是否仍覺得那次事件是個不幸。他說：「不！我幾乎慶幸那次事件的發生。」他回答說，經過了那個震驚與憤恨的階段，他開始在一個完全不同的世界中生活。他開始閱讀並培養出對文學的嗜好。十四年來，他說他起碼讀了一千四百本書籍，這些書拓展了他的領域，他的人生比以前所能想像得還要豐富。他也開始欣賞音樂，現在令他感動的交響樂以前只會令他打盹。然而，真正最重大的改變，還是他有了思考的時間。「我一生中第一次，」他說，「真正用心看世界，並體會其價值。我終於體會到以前努力追求的很多事，其實都沒有真正的價值。」透過閱讀，他開始對政治感興趣，他研究公共問題，坐在輪椅上發表演說。他開始了解人們，而人們也開始認識他。他坐在輪椅上，還當了喬治亞州的政治人物。

英國生物學家達爾文說：「如果我不是這麼無能，我就不可能完成所有這些我辛勤努力完成的工作。」顯然，他坦承自己受到過弱點的刺激。

達爾文在英國誕生的同一天，在美國肯塔基州的小木屋裡也誕生了一位嬰兒。他也是受到自己缺陷的激發，他就是亞伯拉罕．林肯。如果他生長在一個富有的家庭，得到哈佛大學的法律學位，又有圓滿的婚姻，那麼，他可能永遠不能在蓋茲堡講出那麼深刻動人的詞句，更別提他連任就職時的演說——可算得上是一位統治者最高貴優美的情操，他說：「對人無惡意，常懷慈悲於世人……」

哲學家尼采認為，優秀傑出的人「不僅忍人所不能忍，並且樂於進行這種挑戰」。

我們越研究那些有成就的人，越深信一點，他們的成功大部分是因為某種缺陷激發了他們的潛能。威廉．詹姆斯曾說：「我們最大的弱點，也許會給我們提供一種出乎意料的助動力。」沒錯，米爾頓如果不是失去視力，可能寫不出如此精彩的詩篇；貝多芬因為耳聾失聰而得以完成更動人的音樂作品；如果柴可夫斯基的婚姻不是那麼悲慘，逼得他幾乎要自殺，他可能難以創作出不朽的第六號交響曲《悲愴》。

一個人可以沒有金錢支配自己的時光，但必須有反敗為勝的勇氣和力量，才能自我救助，實現真正的成功。

將自己置身於行動中

行動助你思考，提供給你資訊。行動使你接觸現實生活，體驗實際生活經歷。這樣，行動會使你思考得全面深入，遠勝於靜坐在那裡權衡各種理論因素，甚至就是最終表明與方向相悖的行動，也會給你提供有用的資訊。

一個只停留在思想和理論上的人，並不能改變自己的生活品質；一個能行動的人，則能日益提高自己的生活品質。因此立即行動是成大事者最突出的個性之一。

行動助你思考，提供給你資訊。行動使你接觸現實生活，體驗實際生活經歷。這樣，行動會使你思考得全面深入，遠勝於靜坐在那裡權衡各種理論因素，甚至就是最終表明與方向相悖的行動，也會給你提供有用的資訊。

行動可以提高你的自尊。在大多數情況下，人們不想行動不僅僅是因為優柔寡斷，而且是因為有所畏懼。但是，每次當你要做某件令你畏懼的事情並且又大膽的去做了以後，你的自尊就會有所提高。因此每次當你勇敢的克服了畏懼，你都會感到自己是一個成功者。

如果每次由於總沒有什麼行動而使自己遭受挫折時，你就會感到自己的自尊有所降低，你的士氣也會隨同自尊一起低落。

很多我們未做過的事情，在一開始時總是笨手笨腳，困窘不堪。而你是否願意承受最初的不適應，在很大程度上決定著你的生活進程。回想一下年少時代，在那種年歲，任何最微不足道的失誤都會引得你打退堂鼓，你總像逃避瘟疫一樣避開任何可能出現的窘迫，不是嗎？然而，你剛開始與人約會時，雖然也曾感到坐立不安，但是，你不是很高興你終於還是去赴約會了嗎？如果你總是在迴避，你就只能在生活中毫無進展。

巴奈特的朋友迦勒之所以從來不想騎馬，是因為他在十歲那年去馬廄上騎術課時，看見一個十八歲的女孩騎術比他好。於是他就從馬上下來，並從此不再練騎馬了。「這沒什麼大不了的吧？」「不，這很重要。因為那就是我此後一直採取的生活態度。」迦勒是這樣告訴巴奈特的。一種沒有勇氣與活力的生活，無異於地獄。

到了該動身外出講課時，巴奈特也總是感到渾身不自在。由於幾個月無課在家，他已經習慣於待在家裡，遛遛狗，買買東西和在電腦上寫點什麼。這樣一來，當應該出發去專題講習班時，

直接目標法

愛因斯坦也大推的成功法，幫你甩開拖延症

他就會開始發神經。他會為不得不找出講課用的粗記號筆、備好衣裝、還要趕早班飛機、還得穿上襪褲，嘟嘟噥噥的老大不樂意。但是當他收拾完畢站在家門口時，感覺就會好極了，他很高興他該做這一切，它使巴奈特感覺到自己強健有力，所以巴奈特從不會考慮取消任何一次講課。

人們都說，做事要有計畫，但是計畫多半會成為一種虛構，一種紙上談兵的主觀設想。或許你需要計畫的最好理由是，按計畫行事可使你避免在介入錯綜複雜的生活時手足無措。可是如果你自己去圖書館查閱文章，或打電話與別人聯繫，或參加一些團體和活動，或約見別人，有些機會就可能降臨到你頭上。你不妨試一試，先確定一個目標，什麼樣的目標都可以，然後就開始設法向目標接近，想到了什麼馬上就去做，只要對達到目標有利。

這樣一來，你的生活就會發生變化，雖然你完全可能沒有達到你預想的目標，但是結果起碼要比現在更好。你會取得你原來根本預想不到的突破，因為你不會知道竟會有這些突破。

還有一種更微妙的計畫，它可以幫助你確立目標，它施行起來可以是這樣：每當你必須做出選擇時就想一下，做這樣的選擇會使你接近還是遠離目標？你應當總去做使你接近目標的選擇。如果此刻你還在考慮今天夏天去海邊釣魚，可你最終想成為一個創意設計師，那你就不要去海邊釣魚，而要去城裡找一份工作，這就是所謂的「跟著感覺走」，這是比坐在那裡呆想要更為聰明的辦法——只要你的感覺總是朝向你的目標。要積極參與實際事務，要與更多的人聯繫交流。完全不必擔心，隨著各種資訊的不斷到來，你的目標就會越來越清晰。無論你做了什麼樣的計畫，都始終要保持清醒並遵照自己的感覺去調整自己的路線。要記住，只要以自己的追求作為指導行

動的北極星，那麼你就是在付諸實施一個強有力的計畫。

我們每個人都有天生的異乎尋常的直覺能力。有的時候你想的事情或者做事情時的時機選擇看起來有些不可思議，但是如果你覺得它們不錯，就不要放棄。你可以信任你的出於本能的直覺。我們身體內的本能知道我們自己的行動能力和承受能力。

任由自己的內心去追尋自己的意願，不要去理會這意願是否切實可行，要馬上開始付諸行動。這意願的可行性就存在於我們對實現這意願的渴望之中，而這種可行性卻是理解性推理無法證實的。

你的意願本身會為你指出正確的方向，在這方面它勝過任何規則以及善意的忠告。

尋找朝陽行業謀求成功

朝陽產業的迅速發展，在很大程度上縮短了財富累積的漫長過程，它可能帶來的收益將是最初投資的幾倍、幾十倍，甚至是上萬倍。

尋找朝陽產業，也就是那些可以在未來有很大發展的產業，對於想在商海大潮中做出一番事業的人來說，確實是非常重要的。

朝陽產業的迅速發展，在很大程度上縮短了財富累積的漫長過程，它可能帶來的收益將是最初投資的幾倍、幾十倍，甚至是上萬倍。

微軟公司總裁比爾．蓋茲的創業之路，充分展示了投資朝陽產業所帶來的巨大收益。而蓋茲成功的根本就在於他抓住了個人電腦發展的機會，迎接了朝陽的升起。一九七五年冬天，蓋茲在哈佛大學的校園裡散步。因為編寫軟體需要精神的高度集中，他與微軟公司的另一位創始人保羅．艾倫夜以繼日的工作，為「Altair」電腦編寫BASIC程式。五個星期的努力換來了世界上第一個微型電腦運行軟體公司的誕生，也就是後來著名的微軟公司。

這家電腦軟體公司成立了，可是誰也無法預測它的未來，因為當時電腦工業還只是剛剛起步，更何況幫助電腦工作的程式呢，許多人都沒有理會比爾．蓋茲的存在，更沒有哪個公司願意去為這家新註冊的公司投入資金，一切都要蓋茲和艾倫兩個人承擔。

當時，蓋茲一邊學習，一邊想如何使自己的軟體公司生根發芽。而當時的「Altair」電腦是用十六位元制位址開關來發布命令，並發出十六種光的微機，它被組裝起來的時候既沒有顯示器，又沒有鍵盤，但這並不是關鍵，問題在於它擁有一塊英特爾的八〇八〇微處理器，它暫時還不能運行程式，蓋茲和艾倫的任務就是為它設計一種軟體。這是參與個人電腦革命第一階段的唯一一次機會，蓋茲抓住了這次機會，這使他在未來的二十年間成為世界首富。

成功的道路上往往需要做一些艱難的選擇，回想當時的情況，蓋茲和艾倫都要對自己的未來賭一把。蓋茲當時正在上哈佛大學法律系，這是許多年輕人夢寐以求的人生理想。哈佛的學位意味著一生都有了保障，比爾從來沒想過要放棄學位，但是進行軟體發展需要的是精力高度集中，怎樣選擇呢？

蓋茲後來回憶說：「我把自己的想法和父母說了，他們都很支持我的選擇，我就從學校退了學，專注的發展自己的事業。」

艾倫也面臨這樣的抉擇，他當時正在一家效益很好、待遇優厚的公司上班，辭退這份工作，去做誰也無法預料的軟體發展，不論是誰，都會覺得他簡直是瘋了，然而艾倫還是辭職了。事實證明這兩人的選擇都是正確的。

微軟公司從只有兩個開發者的小公司，變成了員工達一萬七千人，年銷售額達七十億美元的大公司，其股票的市場價值超過四百六十八億美元，把通用汽車公司、波音公司等老牌公司拋在了後面。「ALL IS MINE」這句蓋茲的名言，世界上的許多人都已經懂得了它的含義。

若想在朝陽行業中謀求成功，尤其需要一種敢想敢做的精神，要不為其他條件所動，並且堅持不懈。

積小博大者勝

只有扎扎實實的從小事情做起，累積「小成功」，才有希望有朝一日做成大事業。這樣從事的事業才會有堅實的基礎。

直接目標法

愛因斯坦也大推的成功法，幫你甩開拖延症

積小成大是許多成功的人贏得成功所走過的道路。世界上許多富翁都是從「小商小販」做起的。

只有扎扎實實的從小事情做起，累積「小成功」，才有希望有朝一日做成大事業。這樣從事的事業才會有堅實的基礎。

有一位曾經做過人壽保險的業務人員，現在他已在其他的事業上取得了成功。他認為：若要增加人家對他的好感，應該先把自己的外貌整理好，因此，他每天早上在鏡子前仔細研究，想辦法使別人對他產生好感，所以，可以這麼說，他的成功便是他平常累積小事所取得的。

萬丈高樓平地起，你不要認為為了一分錢與別人討價還價是一件醜事，也不要認為小商小販沒什麼出息，金錢需要一塊錢一塊錢累積，而人生經驗也需要一點一滴累積。如此做，在你成功的那一天，你會成為一位人生經驗十分豐富的人。

現在的年輕人都不願聽「先做小事，賺小錢」這句話，因為他們大都雄心萬丈，一踏入社會就想做大事，賺大錢。當然，「做大事，賺大錢」的志向並沒什麼錯，有了這個志向，你就可以不斷向前奮進。但說實話，社會上真能「做大事，賺大錢」的人並不多，更別說一踏入社會就想「做大事，賺大錢」了。如果真想如此，你也應該具備一些特別的條件：

其一，優越的家庭背景。譬如家有龐大的產業或企業，或是有一個有權有勢的父親（母親）。因為這樣的父母，因為這樣的背景，所以你一踏入社會就可「做大事，賺大錢」。

其二，過人的才智。也就是說，你應是一塊天生「做大事，賺大錢」的料子。

第十章　做你確信正確的事

積小博大者勝

其三，好的機運。有過人才智的人需要機運，有優越家庭背景的人也需要機運，這樣才能真正「做大事，賺大錢」。

因此，你要想一想：．你的家庭背景如何？有沒有可能助你一臂之力？．你的才智如何，是「上等」、「中等」還是「下等」？別人對你的評價又如何呢？．你對自己的「機運」有信心嗎？

事實上，很多有大成功的人並不是一走上社會就取得了驕人業績，很多大企業家都是從夥計當起，很多將軍都是從小兵當起，很少見到一走上社會就真正「做大事，賺大錢」的人。所以，當你的條件只是「普通」，又沒有良好的家庭背景時，那麼「先做小事，先賺小錢」絕對沒錯。

那麼「先做小事，先賺小錢」有什麼好處呢？「先做小事，先賺小錢」最大的好處就是可以在低風險的情況下累積工作經驗，同時也可以藉此了解自己的能力。當你做小事得心應手後，就可以做大一點的事情。

此外，「先做小事，先賺小錢」還可培養自己踏實的做事態度和金錢觀念，這對日後「做大事，賺大錢」以及一生都有莫大的助益。

任何一個成功的人，他們的成功無不是從小事做起，從小買賣做起，從小錢賺起。

接納有教益的批評

美國詩人惠特曼說：「你以為只能向喜歡你、仰慕你、贊同你的人學習嗎？從反對你的人、批評你的人那兒，不是可以得到更多的教訓嗎？」

一般人常因他人的批評而憤怒，有智慧的人卻想辦法從中學習。美國詩人惠特曼說：「你以為只能向喜歡你、仰慕你、贊同你的人學習嗎？從反對你的人、批評你的人那兒，不是可以得到更多的教訓嗎？」

如果有人指責你愚蠢不堪，你會生氣嗎？會憤憤不平嗎？

林肯的軍務部長愛德華．史丹頓就曾經指責過總統。史丹頓因為林肯的干擾而生氣。為了取悅一些自私自利的政客，林肯簽署了一次調動兵團的命令。史丹頓不但拒絕執行林肯的命令，而且還指責林肯簽署這項命令是愚不可及。有人告訴林肯這件事，林肯平靜的回答：「史丹頓如果指責我愚蠢，我多半是真的笨，因為他幾乎都是對的。我會親自去跟他談一談。」

林肯真的去找了史丹頓，史丹頓指出他這項命令是錯誤的，林肯就此收回成命。林肯很有接受批評的雅量，只要他相信對方是真誠的，是有意幫忙的。

因為我們不可能永遠都是正確的，所以我們應該歡迎有教益的批評。

法國作家拉羅什福柯說：「對手對我們的看法，比我們自己的觀點可能更接近事實。」

多麼中肯的道理。可是我們被人批評的時候，如果不提醒自己，我們還是會不假思索的採取

第十章　做你確信正確的事

接納有教益的批評

防衛姿態。人總是討厭被批評，喜歡被讚賞的。而且當聽到別人談論我們的缺點時，我們總是想辦法急於辯護。

讓我們放聰明點也更謙虛一點，我們可以大度的說：「如果讓他知道我們其他的缺點，只怕他還要批評得更厲害呢。」

有一位香皂推銷員，甚至主動要求別人給他批評。當他開始為某一家品牌推銷香皂時，訂單接得很少。他擔心會失業，他確信產品或價格都沒有問題，所以問題一定是出在他自己身上。每當他推銷失敗，他會在街上走一走，想想什麼地方做得不對。是表達得不夠說服力？還是熱忱不足？有時他會折返回去，問那位商家：「我不是回來賣你香皂的，我希望能得到你的意見與指正。請你告訴我，我剛才什麼地方做錯了？你的經驗比我豐富，事業又成功。請給我一點指正，直言無妨，請不必保留。」他的這個態度為他贏得了許多友誼以及珍貴的忠告。

正因為他的如此的工作態度和方式，使他後來升任為該品牌公司總裁，他就是卡爾先生。

我們也應以同樣的態度應對他人的批評、指責。

當你因惡意的攻擊而怒火中燒時，何不先告訴自己：「等一下……我本來就不完美。連愛因斯坦都承認自己百分之九十九都是錯誤的，也許我起碼百分之八十是不正確的。這個批評可能來得正是時候，如果真是這樣，我應該感謝它，並想辦法從中獲得益處。」

受到挫折要放寬心

成功的人往往能在保持個性的同時，學會適當的順應，否則容易導致「出師未捷身先死」的悲涼。而唯有能上能下，方能有效的保存實力，尋找機會，再圖發展。

人生是一個大舞台，上台下台本來就很正常。

如果你的條件適合當時的需要，當機緣一來，你就上台了；如果你演得好演得妙，你可以在台上待久一點；如果你唱走了音，演走了樣，老闆不叫你下台，觀眾也會把你轟下去；或是你演的戲已不符合潮流，或是老闆就是要讓新人上台，於是你就下台了。

上台當然高興，可是下台呢？難免神傷，這是人之常情，但還是要做到「上台下台都自在」。所謂「自在」指的是心情，能放寬心最好，不能放寬心也不能把這種心情流露出來，免得讓人以為你承受不住挫折，你應「平心靜氣」，做你該做的事，並且想辦法精練你的「演技」，隨時準備再度上台——不管是原來的舞台還是別的舞台——只要不放棄，終會有機會。

人之一生有上台下台，而由主角變成配角也一樣難免——下台沒人看到也就罷了，偏偏還要在台上演給別人看。由主角變成配角也有好幾種情形，第一種是去當別的主角的配角，第二種情形是與配角對調。這兩種情形以第二種最令人難以釋懷。

然而，由主角變成配角的時候不必悲嘆時運不濟，也不必懷疑有人暗中搞鬼，你要做的就是「平心靜氣」，好好扮演你「配角」的角色，向別人證明你主角配角都能演。這一點很重要，因為如果你連配角都演不好，那怎麼能讓人相信你還能演主角呢？如果自暴自棄，到最後就算不下台，也必將淪落到跑龍套的角色，人到如此就很悲哀了。如果能把配角扮演好，一樣會獲得掌聲。

人生的際遇是變化多端、難以預測的。起伏難免，有時是逃不過去的，碰到這種時候，就應有「上台下台都自在，主角配角都能演」的心情，這種心情不只會為你的人生找到安頓，也會為你提供再放光芒的機會。同時，你的這種彈性也必將贏得別人對你的尊重。

著名藝術家韓美林曾經談起他的煉獄之苦，因為難以忍受飢餓，為了生存，韓美林在眾目睽睽之下吃掉了別人扔掉的爬滿蒼蠅的五個包子皮。但他還是挺過來了，他寫道：「二十多年後的今天，這五個包子皮在我身上產生了多大能量？他成就我多少事業？壯了我多少膽？它讓我成了一條頂天立地的好漢，它煉就了我一身錚錚鐵骨，它讓我悟出了人生最最深邃的活著的真理。我雖然沉入了這無邊的人生苦海，我卻摸到了做人的真諦。」

韓美林曾對學生講：「你們可知道什麼是一條漢子嗎？一個多麼高多麼大的男子漢，就要有多麼高多麼大的支撐架。但這個支撐架，全部都是由苦難、辛酸、羞辱、失落、空虛和孤獨組合起來的。……你得踢著石頭打著狗，你得忍無可忍的一忍再忍，難捨難分的一捨再捨……」

成功的人往往能在保持個性的同時，學會適當的順應，否則容易導致「出師未捷身先死」的悲涼。而唯有能上能下，方能有效的保存實力，尋找機會，再圖發展。

有選擇性的模仿才會有突破性的創造

要深刻記住「模仿只是手段，創造才是目的」。因此，你必須時時提醒自己透過模仿來超越模仿，這才是真正有創造性的模仿。

人有任何其他動物所不具有的創造意識，而這也恰恰是人的價值所在。越是現代人，其創造意識就越強。

伊索寓言裡有這樣一個故事：有一天，動物們在森林裡聚會。突然間有一隻猴子跑出來跳舞，動物看到牠的舞姿都讚不絕口。

你一句，我一句，大家熱情的讚美猴子。

一隻坐在角落的駱駝，看到這樣的情況，心裡非常羨慕。駱駝心想：「得想個辦法，讓大家稱讚我一番。」

於是，駱駝就站起來大聲說：「各位，請安靜一下，我要跳一支駱駝舞給大家看。」動物們聽了都很高興，張大眼睛看著。

駱駝鞠躬之後，開始搖擺身體，但牠滑稽、醜陋的舞姿，不僅沒有獲得動物們的讚美，反而引來大家哄堂大笑。

駱駝覺得很難為情，就偷偷的溜出森林躲了起來。

寓言中駱駝的模仿是愚蠢的，因為牠沒有考慮到自身的實際條件。

第十章　做你確信正確的事

有選擇性的模仿才會有突破性的創造

其實，並不是所有模仿都會落得如此不堪的下場。模仿可以分兩種，一種是愚昧無知、不用大腦、東施效顰式的模仿。另一種類型的模仿是智慧型的模仿，即在模仿的時候發揮自己的創造。

模仿在生活中確實不能缺少，你看剛學步的小孩，牙牙學語的兒童，直至科學的重大發現。可以說，模仿是創造的開端，從一定意義上講，沒有模仿，就沒有創造。那麼，如何有效的加以模仿呢？

事實上，所謂有效的模仿，就是具有高度的選擇性的模仿。一個人越成熟，生活目的越明確，他的模仿就越有選擇性。所以，當你模仿他人時，要以正確的行為目標來決定：「我究竟要模仿的是什麼？」「有何作用？」有了這種自覺的考慮，就可以在模仿時髦的或別人的東西時，不至於良莠不分。特別重要的是，當你有意識的成功模仿了一件有益於你的東西時，要深刻記住「模仿只是手段，創造才是目的」。因此，你必須時時提醒自己透過模仿來超越模仿，這才是真正有創造性的模仿。

如果你對最大限度的利用自己解決問題的能力感興趣，那麼從製造一個讓你感到有創造性的環境入手，你可以把你的環境聰明的重新安排一下，以至於能激發你的靈感。

另外一個重要且便利的建造一個創造性環境的方法是將所有燈的開關（不是直接接在燈上）都連上一個變阻器，這樣在每一個房間中你都可以調節燈的亮度。在晚上，當你將燈開到房間裡充滿光輝時，而不是昏暗不明時，你就會得到一個好心情，這種變化對你審視環境和在其中工作的心情有很大的幫助。

居禮夫人說：「我認為人們在每一個時期都可以過有趣且有用的生活。我們應該不虛度此生，應該能夠說『我已做了我能做的事』，人們只能要求我們如此，而且只有這樣我們才能有一點快樂。」

相對來講，有時制定宏偉的計畫很容易，激情有時也很容易澎湃，但是成就自己卻需要實實在在的可操作計畫，需要恆久的熱情。人的主觀能動性是必須發揮的，但我們不要有發暈的「人定勝天」的狂熱。因此，在起跳前，衡量一下高度是理智的。否則必將徒添無謂的沮喪。

不要撇開自己的個性和能力特點，一味的去攀比或模仿別人，你要成為你自己，你能做什麼，自己應該心裡有數。

運用創造力解決問題

創造力會使你產生迅速下決定的能力，它也會使你產生立即改正錯誤的決定，它會使你不再對別人產生恐懼，因為它會使你感到平靜，並且會使你了解你是完全有能力取得成功的。

人類的歷史就是一部創造史，而這樣的歷史是遠沒有盡頭的。人類要發展，就需要有創造力。而創造力，是那些不怕別人批評的人發揮出來的力量，它肩負著造就今日文明的使命，它帶給我們能使我們享受現在生活水準的進步思想、科學和機械，它激發人們開拓各個領域的新觀念，

第十章　做你確信正確的事

運用創造力解決問題

並對著新觀念加以實驗，它總是展望更美好的行為方式。

提到創造力就不能不表述想像力。想像力可以分為兩種形式：綜合性的和創造性的想像力。這兩種想像力都可透過你的創造力，改善你的生活和周圍環境。

綜合性的想像力，是以一種新的方法結合一些已經被認同的觀念、概念、計畫或事實，將它們運用到新的用途上。

綜合性想像力的一個最佳的例子，就是愛迪生發明燈泡的過程。

愛迪生以別人已經證實的事實作為開始：一條金屬線接觸電之後會發熱，最後還會發光。但問題卻在於強烈的熱度會很快就把金屬線給燒斷了，因此，光的壽命只有幾分鐘而已。

愛迪生在控制熱的過程中，曾做過無數次的嘗試。而他最後所發現的方法，也是以一項其他人都不曾察覺到的普遍事實為依據。他發現炭是經過木頭燃燒，被土壤覆蓋，並在土壤中悶燒，直到木頭被燒焦後所得到的產物。由於土壤的覆蓋，致使流向火的氧氣量只會足以供其悶燒而不會供其燃燒。當愛迪生想到這個事實之後，便立刻聯想到對金屬絲加熱的念頭。他把金屬絲放在一個瓶子裡，並抽出瓶中大部分的空氣，他利用這種方法發明了第一個壽命長達八個半小時的燈泡。

他的成功最後也用到智囊團的原則，他成立了一個由化學和機械專家組成的工作小組，來尋找適合的金屬絲，確定燈泡內適量的空氣，以及最佳的燈泡結構，以使他的這項發明能產生最大效用。

綜合性想像力能把人類的所有知識，都置於你的運用之下，但就像其他各項成功原則一樣，它需要你付出心力，將你洞察的結果化為具體行動。

而創造性想像力是把潛意識作為它的基地，它是一種媒介。經由這一媒介你會認識一些新的概念和最近學到的事實。你將明確目標印在潛意識上的所有努力，都會刺激你的創造性想像力。

綜合性想像力來自經驗和理性，而創造性想像力則是來自你對於明確目標的奉獻。創造力對創造性想像力的依賴很深，但它卻超越創造性想像力。

關於創造性想像力的一個最佳的例子就是彼得的故事。彼得是和愛迪生同時代的發明家，但二人所運用的方法和背景卻有很大的不同。

彼得以一種非常簡單的過程來運用他的創造力，他會先進入一間隔音室，然後坐在一張放著紙和筆的桌子旁邊並且把燈關掉，接著他便將注意力集中在一個特定問題上，並等著他的腦海中浮現出解決這個問題的方法。有的時候他會很快就想到解決問題的方法，但有的時候必須等待一小時之久才會想到答案，偶爾他什麼點子也想不出來，有幾次他甚至想到一些他從沒有想過的問題的解決方法。

彼得的創造力已經超越他的想像力，因為他已將他的創造力發展成他隨時可以把它叫出來使用的能力。創造力所創造的是解決問題的方法，不是解決不了問題的藉口。

在當今這個時代有許多事情都需要我們表現創造力：我們需要不會汙染環境，也不會使資源枯竭的能源；我們需要能吸引年輕人的注意力，並能教導人們使自己進步的學校；我們需要對抗對人類具有威脅性之疾病治療的方法和疫苗，我們需要能教導中小企業如何運用快速變化的技術，以及從中獲利的人才。

在這些需求之中隱藏著挑戰和機會，提出這些需求的目的，在於促使你開始思考創造力能夠實現的可能範圍。

創造力會使你產生迅速下決定的能力，它也會使你產生立即改正錯誤的決定，它會使你不再對別人產生恐懼，因為它會使你感到平靜，並且會使你了解你是完全有能力取得成功的。

用新的方式開創新的起點

創新的改變並非是高不可攀的事情，只要我們能改變過去的模式，推出一種令人耳目一新的東西就是創造。

所有的新思想，歸根究柢，都是借鑑於舊思想的，都是在舊思想的基礎上添加一些東西，把它們結合起來或進行修改。

對於做事情，如果你是偶然做成，人們會說你運氣好；而如果你是有計畫的做成，人們便說你有創造性。

可見，創新的改變並非是高不可攀的事情，只要我們能改變過去的模式，推出一種令人耳目

直接目標法

愛因斯坦也大推的成功法，幫你甩開拖延症

一新的東西就是創造。

麥當勞並沒有發明任何新的東西，它生產的「產品」也許以前任何一個小餐館都可以製作，但是麥當勞連鎖店的創始人克羅克運用文化概念和管理技術，使「產品」標準化，設計出生產流程和加工工具，制定各階段的工作標準，從而大大提高了資源的使用效率，並以「品質、清潔、服務和價值」這樣一絲不苟的企業文化準則和經營觀念，不斷開拓新市場，接納新顧客，這就是創新精神。

一家建築公司在為一棟新大樓安裝電線的做法是堪稱有創新性的。在一處地方，他們要把電線穿過一根十公尺長，但直徑只有三公分的管道，而且管道是砌在磚石裡，並且彎了四個彎。他們一開始感到束手無策，顯然，用常規方法很難完成任務。最後，一位愛動腦筋的裝修工人想出了一個非常新穎的主意：他到市場上買來兩隻白老鼠，一公一母。然後，他把一根線綁在母老鼠身上，並把牠放在管子的另一端，並輕輕的捏牠，讓牠發出吱吱的叫聲。公老鼠聽到母老鼠的叫聲，便沿著管子跑去找牠。牠沿著管子跑，身後的那根電線也被拖著跑。因此，工人們很容易的就把那根電線的一端和電線連在一起了。就這樣，穿電線的難題順利得到解決。

或許你現在已經意識到了自己以前根本沒有注意到這一誤區，並試圖做出改變，但是，你不知從何開始，對此，某知名大學的一位心理學家為我們提供了一些具體的途徑和辦法：

其一，努力選擇並嘗試一些新的事物，即使你仍留戀著熟悉的事物。如盡力結識更多的新朋友，多多置身於一些新的環境，嘗試一些新的工作，邀請一些觀點不同、性格不一的人到家裡來

做客。多和你不大熟悉的客人交談，少和你熟悉的朋友交談，因為你對朋友已經太了解了。

其二，不要再費心去為你做的每件事找藉口，當別人問你為什麼要這樣做或那樣做時，你並不一定要說出可信的理由，以使別人滿意。其實，你決定做任何事情的理由都很簡單——因為你想這樣做。

其三，試著冒點風險，使你解脫日復一日的單調生活。如，上班時不一定非得要乘坐同一種方式的交通工具，每天早餐不一定總是吃同樣的東西等。

你不要輕易接受一般人認為事情不可能被改變的看法。在自己沒有親自嘗試一下之前，不要輕言不可能。

如果你去嘗試了，並且能以堅韌的態度來面對困難，那麼你就有可能成功，而且往往會在他人難以想像的事情上獲得成功。

成功有賴於創造精神

創新活動已經不僅是科學家、發明家的事，它已經深入到普通人的生活中，很多人都可以進行創新性的活動，生活、工作的每一方面都可以打造出創新的成果。

提到創新，有些人總覺得神祕，似乎它只有極少數人才能辦到。其實，創新有大有小，內容和形式可以各不相同。

創新活動已經不僅是科學家、發明家的事，它已經深入到普通人的生活中，很多人都可以進行創新性的活動，生活、工作的每一方面都可以打造出創新的成果。

法國美容品製造師蘭斯．戴文是靠經營花卉發家的，他在一次新聞發表會上感觸頗深的說道：「能有今天，我當然不會忘記卡內基先生，他的課程教給了我一個司空見慣的祕訣，而這個祕訣儘管我經常與它們擦肩而過，但過去我卻未能予以足夠的重視，也沒有把它當作一回事來對待。而現在我卻要說，創新的確是一種美麗的奇蹟。」一九五八年，蘭斯．戴文從一位年邁女醫師那裡得到一種專治痔瘡的特效藥膏祕方。這個祕方令他產生了濃厚的興趣，於是，他根據這個藥方，研製出一種植物香脂，並開始挨家挨戶的去推銷這種產品。有一天，戴文靈機一動，何不在巴黎的知名雜誌上刊登一則商品廣告呢？如果在廣告上附上郵購優惠單，說不定會有效的促銷產品。

這一大膽嘗試讓戴文獲得了意想不到的成功，當他的朋友還在為他的巨額廣告投資惴惴不安時，他的產品卻開始在巴黎暢銷起來，而且巨額的廣告費用與其獲得的利潤相比，顯得輕如鴻毛。

當時，人們認為用植物和花卉製造的美容品毫無用途，幾乎沒有人願意在這方面投入資金，而戴文卻反其道而行之，對此產生了一種奇特的迷戀之情。一九六〇年，戴文開始小量的生產美容霜，他獨創的郵購銷售方式又讓他獲得巨大成功。在極短的時間內，戴文透過這種銷售方式，順利的推銷出了七十多萬瓶美容品。

如果說用植物製造美容品是戴文的一種嘗試，那麼，採用郵購的銷售方式，則是他的一種創舉。

蘭斯．戴文對他的職員說：「我們的每一位女性顧客都是王后，她們應該獲得像王后那樣的服務。」

為了達到這個宗旨，他打破銷售學的一切常規，採用了郵售化妝品的方式。公司收到訂單後，幾天之內即把商品郵寄給買主，同時贈送一件禮品和一封建議信，並附帶製造商和藹可親的笑容。郵購幾乎占了戴文全部營業額的百分之五十。戴文郵購手續簡單，顧客只須寄上地址便可加入「戴文美容俱樂部」，並很快收到樣品、價格表和使用說明書。

這種優質服務為公司帶來了豐碩成果。公司每年寄出包裹達九百萬件，相當於每天三至五萬件。一九八五年，公司的銷售額和利潤成長了百分之三十，營業額超過了二十五億，國外的銷售額超過了法國境內的銷售額。

蘭斯．戴文經過辛勤的工作和艱苦的思考，找到了走向成功的突破口和契機。在市場充滿競爭激烈的化妝品領域，他把對手遠遠的甩在了後面。

我們永遠不要安於現狀，不要使思維局限於一定的桎梏中，這樣，我們才有能夠不斷創新的動力。

直接目標法

愛因斯坦也大推的成功法，幫你甩開拖延症

第十一章　做你認為最重要的事

在某種意義上，人生就是選擇對自己最重要的事，然後去完成它，實現它。

依據你的價值觀去選擇

先在自己身上投資，你這個人才是你最大的資產。你的態度、智慧、知識、才華、經驗和技能，這些都是你實現目標的原料。

我們每天都有許多的事情要做，有大事，有小事，有令人愉快的事，有令人心煩的事。但是哪些事對你來說才是最重要的呢？不弄明白這個問題，你就會浪費許多精力和時間，一天下來精力用了不少，而卻沒有什麼成果。

這裡需要明確的是：所謂「重要」，必須是出自你自己的想法、感覺，你認為什麼對你才是最重要的。

在這個問題上，一位醫生的回答令人深思，他說：「我可以將『研究治療動脈硬化的方法』列在『我想做的事』一欄下，但這不是一個誠實的回答。這項研究當然很有價值，因為它可以解決動脈硬化這個困擾世人的疾病，但是這種實驗不是我的專長。從一個生意人的角度來看，我也無意投資時間、金錢在這項研究上。同樣的，不是因為我認為這個研究沒有價值，而是因為這不是我的興趣、專長、經驗及渴望。」「如果你想討論找出治療『青少年黃斑部病變』的方法，我會感到有興趣，不過是以贊助者的身分，而非科學家的角色；如果你研究盲人恢復視力的方法，我會更有興趣。」

對於多數人而言，在選擇「最重要的事」時，完全依據自己的需要，而不考慮其他人的意見，

第十一章　做你認為最重要的事

依據你的價值觀去選擇

並不是件容易的事。因為我們大部分的人都已經被「洗腦」了，我們會依據外在世俗的標準來決定我們的生活，但只有你自己能為你自己做決定，你覺得有價值、有興趣的事情，才是最能滿足你、最有意義的決定。

當你選擇對你最重要的事情時，你的價值觀會影響你的決定。

如果你想擁有一個非常充實的人生，那麼你願意為它付出生命的事情，一定正是你活著的理由。如果在你認為你應該做的事，和你決定去做的事情之間有差距的話，就會產生衝突，而這種衝突會將你吞噬，使你筋疲力盡。所以，你的選擇必須和你的信仰一致，與你的價值觀及倫理道德相符。如同我們經常說的一句話：千萬不要忘了你是誰，不要忘本。

如果你能使你的認知和行為保持一致，那麼你就永遠不會為了獲得成功而變得不誠實、不仁慈，而做一些投機取巧、貪贓枉法的事，或任何違背你的價值觀的行為了。盡量簡化你的選擇，成功的可能性就會大一些。卡內基說：「當我演講的時候，我經常玩一個我稱為數學的遊戲。玩法是我會在某一個人的耳邊輕聲的告訴他一個數字，然後請他將這個數字小聲的傳給下一個人，直到整排或全場都傳完了，再請最後一個人說出答案。如果傳較簡單的數字像三或十九，那麼最後傳出的結果，很可能還是正確的。但是如果我說的是：『五千一百八十四億八千六百三十二萬七千兩百一十七點三四』，那麼在經過兩三個人的傳話之後，這個數字還能正確的可能性就非常低了。為什麼會這樣呢?因為這是一個非常複雜的數字，它包含了太多數字使人難以記得。」卡內基說的這個遊戲帶給我們一些啟發。

許多人在追求一個成功者的人生時，常常從想「擁有些什麼」開始下手，他們希望有一輛新車、一個新家、一種新生活和獨立的經濟能力。當他們在追求的過程中，發現事業並不如他們所想像得迅速容易時，他們便換個新的方法或是放棄。而對於成功來說，這種想法和做法就需要改變，不要從「想擁有些什麼」開始，而應該從「想成為些什麼」開始。

先在自己身上投資，你這個人才是你最大的資產。你的態度、智慧、知識、才華、經驗和技能，這些都是你實現目標的原料。

你會發覺藉由這個方法，自己在努力的過程中，所展現出的長處、精力及想法極其不同尋常。然後，當你在習性及思想上達到目標的時候，你就會以最勤奮的精神，運用你的能力及創意，盡全力去做那件事情。

把分散精力的要求置之度外

要完成任何一個目標——包括做一個蛋糕這樣簡單的事情，都要把握住關鍵的幾點：做好準備工作；心無旁騖的始終關注主要目標；不達目的誓不甘休。

獲得成功的首要條件和最大祕密是把精力和資力完全集中於所做的事——要把所有的雞蛋放入一個籃子裡。

第十一章　做你認為最重要的事

把分散精力的要求置之度外

在美國，廣泛流傳著一個愛麗絲太太做蛋糕的幽默：

拿出大型平底鍋一個。把狗趕出廚房。移開兒子傑森堆在桌上的積木。在鍋裡塗奶油，倒出葡萄乾來備用。

量好麵粉七兩。把傑森伸到麵粉罐中的小手拉出來。把倒在地板上的麵粉擦乾淨。打電話向樓上的鄰居太太借麵粉。

篩麵粉時，找到兒子丟在地板上的玩具小汽車。

拿出一個大碗，準備打雞蛋。叫女兒把冰箱裡的雞蛋拿出來，把女兒打碎在地板上的雞蛋抹乾淨。自己去拿雞蛋。

叫女兒去接電話，自己也去接聽電話。

把電話聽筒上的麵粉和奶油擦乾淨。

回到廚房。

把傑森伸進盛麵粉和雞蛋的大碗中的小手拉出來，替他洗手。

叫女兒看什麼人敲門。

叫馬克斯去看什麼人敲門。

自己去開門。

擦乾淨門把上的麵粉和雞蛋。回到廚房。

把塗好奶油的平底鍋中的一堆鹽倒掉。

直接目標法

愛因斯坦也大推的成功法，幫你甩開拖延症

把傑森握著的鹽罐拿開。

告訴女兒晚上不必餵狗，因為狗把麵粉和雞蛋吃掉了。

再拿兩個雞蛋，又開一包麵粉。

把傑森伸進麵粉袋中的小手拉出來。打他。安慰他。哄他。給他一大碗麵粉和一杯牛奶，讓他做「他自己的」蛋糕。

把平底鍋塗好奶油。把兒子的玩具小汽車從鍋裡拿出來。

再拿一個平底鍋塗好奶油。去追女兒，叫她把葡萄乾拿回來。

找發酵粉。

打電話向食品雜貨店買發酵粉。

把聽筒上的髒東西擦乾淨。

回到廚房。發現東西都倒在地板上，傑森渾身都是麵粉。

叫狗把葡萄乾和別的東西吃掉。

打電話給丈夫，讓他下班後順路去蛋糕店，買一個大一點的蛋糕回來。

從這個幽默故事中，我們不難明白：要完成任何一個目標——包括做一個蛋糕這樣簡單的事情，都要把握住關鍵的幾點：做好準備工作；心無旁騖的始終關注主要目標；不達目的誓不甘休。

德國大詩人歌德集六十年之精力，專攻《浮士德》之創作。其間，令他眼花撩亂的誘惑不可謂不多，但都未能分散他的精力。浮士德成了他形影不離的另一個靈魂，成了他生命性靈賴以生

存的根本。他不斷的排斥著「第二個興趣」的侵犯，他不斷的從發展「第一個」，亦即「唯一」中求精粹，求昇華，求超越。他不願意讓浮士德只成為理性的毛坯，他不願意讓浮士德所隱含的大智慧只表現為半成品，於是，他竭盡平生之力不斷的開掘，不斷的改塑。

歌德說：「一個人不能騎兩匹馬，騎上這匹，就要丟掉那匹。聰明的人會把凡是分散精力的要求置之度外。」年少時代，興趣的轉移都是難免的，主攻方向的覓得，也往往需要一個或長或短的過程。但是，一旦你深信解決了上述問題，千萬不可再三心二意，貽誤青春的大好時機。這對於人生早出成果和奠定創新道路，關係重大。

恪守珍惜時間的原則

成功的人最可貴的本領之一就是與任何人來往，都能簡捷迅速。這是一般成功者都具有的通行證。一個人只有真正認知到時間的寶貴，他才有意志力去防止那些愛饒舌的人來打擾他。

在工作和生活中，你如何對待時間呢？你是否曾經換一個角度去評估自己對時間的利用率呢？

無論當老闆還是做職員，一個做事有計畫的人總是判斷自己面對的顧客在生意上的價值，如果對方說很多不必要的廢話，他們會想出一個收場的辦法。

直接目標法

愛因斯坦也大推的成功法，幫你甩開拖延症

同時，他們也絕對不會在別人的上班時間，去和別人海闊天空的談些與工作無關的話，因為這樣做實際上是在妨礙別人的工作效率，也妨礙他的老闆應得到的利益。善於應付客人的人在得知來客名單之後，就決定預備出多少時間。

老羅斯福總統就是這樣做的一個典範：當一個分別很久只求見一面的客人來拜訪他時，老羅斯福總是在熱情的握手寒暄之後，便很遺憾的說他還有許多別的客人要見。這樣一來，他的客人就會很簡潔的道明來意，告辭而返。

成功的人最可貴的本領之一就是與任何人來往，都能簡捷迅速。這是一般成功者都具有的通行證。一個人只有真正認知到時間的寶貴，他才有意志力去防止那些愛饒舌的人來打擾他。

在美國現代企業界，與人接洽生意能以最少時間發生最大效力的人，首推金融大王摩根。他除了與生意上有特別重要關係的人會談外，還從來沒有與人談到五分鐘以上。

為了恪守珍惜時間的原則，他招致了許多怨恨，但其實人人都應該把摩根作為這一方面的典範，人人都應具有這種珍惜時間的美德。通常，摩根總是在一間很大的辦公室裡，與許多職員一起工作，他不像其他的很多商界名人，只和祕書待在同一個房間裡工作。摩根會隨時指揮他手下的員工，按照他的計畫去行事。如果你走進他那間大辦公室，是很容易見到他的，但如果你沒有重要的事情，他絕對不會歡迎你的。

有很多深謀遠慮、目光敏銳、吃苦耐勞的大企業家，都是以沉默寡言和辦事迅速、敏捷而著稱的。即使他們所說出來的話，也是句句都很準確、很到位，都有一定的目的。他們從來不願意在這裡頭耗費一點一滴的寶貴資本——時間。當然，有時一個做事待人簡捷迅速、斬釘截鐵的人，也容易引起一些不滿，但他們絕對不會把這些不滿放在心上。

為了要在事業上有所成就，為了要恪守自己的規矩和原則，他們不得不減少與那些和他們的事業沒什麼關係的人的來往。

認清事實的真相再去做

做事情之前先仔細分析，並不表示我們做事要猶豫沒有決斷。這句話的意思是要警告我們：採取行動千萬不可魯莽、倉促，要認清事實的真相再做出相應的行動。

一個人草率行事只能讓自己更受挫敗和傷害。所以，做事情前，你要先了解你要做什麼，然後去做。對行事容易草率的人來說，這是很好的座右銘。

做事情之前先仔細分析，並不表示我們做事要猶豫沒有決斷。這句話的意思是要警告我們：採取行動千萬不可魯莽、倉促，要認清事實的真相再做出相應的行動。

的確，在許多情況下，立即行動是必要的，但其成功的比例往往視其對問題診斷的正確度而定。

有一位住在新墨西哥州阿布奎基市的喬伊．羅瑞爾太太，好幾年前曾為財務問題而煩惱不已。她有一位多病的母親住在布魯克林，由兩名婦人負責照料她的起居。羅瑞爾太太後來發覺很難維持這樣的開銷，而一位時常在財務上資助她的叔父，也打電話向她表示是否可以減少開支，譬如減少那兩名看護人員的薪水，或縮減房屋的維修費等。

羅瑞爾太太一時不知該如何做決定，她要好好想一下，等做了決定之後再回電話。羅瑞爾太太十分感謝這位叔父長期的幫忙，也覺得應該想辦法減輕這位叔父的負擔。「我取來一些紙張，然後開始分析。」羅瑞爾太太描述道，「我先把母親的收入——如有價證券、叔父給她的補助等等一一列出來，然後再列出所有開支。沒多久，我便發現母親在衣、食方面的花費極少，但那棟擁有十一間房的住所，卻得花一大筆錢來維持——光是每月的瓦斯費就得二三十塊錢。再加上各種雜項開支和稅金，還有保險費等等，為數十分可觀。當我見到這些白紙黑字的證據，便知道事情該如何處理了——那房子必須解決掉。「從另一方面來看，母親的身體越來越壞，我擔心這時移動她可能不太妥當。她一直希望能在那棟房子度過餘生，我也願意盡可能成全她的願望。於是，我去拜訪一位醫師朋友，請他給我一些意見。這位醫師認識一名經營私人療養院的婦人，地點離我們住的地方只有三分鐘路程。「這位婦人不但心地好，人又能幹，收取的費用也極合理，因此我決定把母親送到她那裡去，讓她來照顧。」

羅瑞爾太太把這件事情處理得十分理想。她母親得到極好的照顧，而且她一直還以為自己仍住在家裡。羅瑞爾太太現在每天都能抽空去探望她，而不是每星期一次。她叔父的負擔減輕了，他們的財務問題也獲得解決。

第十一章　做你認為最重要的事

認清事實的真相再去做

上面這個羅瑞爾太太的例子，很清楚的表明：一個行動是否會成功，往往要看事前的分析。假如羅瑞爾太太沒有好好去研究問題所在，也沒有好好去安排要採取的步驟，而是草率的採取行動，則很可能不但不能解決財務問題，甚至還會帶來更大的麻煩。

有時，我們之所以會遭遇一個接一個的麻煩和危機，就是因為我們常常沒有像羅瑞爾太太那麼做——先仔細研究困擾我們的問題。相反的，我們常常為問題而輾轉不能入眠，卻又一再拖延做決定的時間；或是，我們沒有經過仔細研判，便在短時間內做出倉促決定，結果不但沒有解決問題，反而使問題更惡化。為使問題得到解決，我們應該盡可能的面對現實，並收集更多有關問題的資料，分析它，以了解自己所處的狀況。

戴爾．卡內基先生曾訪問過哥倫比亞大學的校長，在訪問過程中，卡內基特別提到校長的書桌是多麼整潔——因為像他這麼一個大忙人，桌上通常會堆滿許多資料或文件。「要處理這麼多學生的問題，你一定要隨時做許多決定。」卡內基先生說，「但是，你看起來十分冷靜、從容，一點都沒有顯出焦慮的樣子。請問，你是如何做到這一點的？」校長回答道：「我的方法是這樣的——假如我必須在某一天做某一項決定，通常我都事先收集好各種相關資料，並認定自己是『發掘事實的人』。我並不浪費時間去設想該如何做決定，只是盡可能去研究與問題有關的所有資料。等我研究完畢，決定便自然產生了，因為這都是根據事實而來的。聽起來十分簡單，是嗎？」

誠然，方法是十分簡單，但卻常常被我們忽視了。我們的行動通常比較受情緒、成見、急躁或其他非分析性做法的影響，這都是不成熟的表現。

行動能力的確是成熟心靈的必備條件之一，但必須有知識和理解做基礎，才能避免草率行事。

理解事情的策略要點

你要想有堅實的立足點，就要清楚自己應該抓住那些事關你未來發展的事情的要點，而不是整天陷於具體的瑣碎繁雜的工作中。要給自己最大限度的自由和創造性，當然也包括責任感，去發掘你的發展機會。

對於一個人的經營能力而言，最為重要的恐怕就是自定最簡單的目標。「千萬不要試圖設定一個詳盡的、包羅萬象、包治百病的方法。」也就是說，設定一系列宏偉的目標，並在公司價值理念的指導下，採取適宜的方法和方式來實現這些目標。

經營和管理並沒有你想像得那麼複雜，你只要記住，千萬不要被細枝末節的小事所牽絆。即老闆是應該做那些真正屬於老闆該做的事，而不是越俎代庖，包辦下屬的工作。

傑克．威爾許在談到公司主管的「忙碌」與「空閒」時說：「有人告訴我他一週工作九十個小時，我會說：『你完全錯了，寫下幾件每週讓你忙碌九十小時的工作，仔細審視後，你將會發現其中至少有十項工作是毫無意義的——或是可以請人代勞的。』」

尼克．莫爾是奇異公司發展部門的主管。對於傑克．威爾許的創新經營策略，尼克．莫爾

第十一章　做你認為最重要的事

理解事情的策略要點

注意到這樣一本書，即西元一八八三年出版的、十九世紀偉大的普魯士將軍和軍事家卡爾．馮．克勞塞維茲的《戰爭論》。克勞塞維茲在書中寫到：策略不是什麼固定的方程式，諸多意外的因素或是執行中的微小偏差，以及對手行動的不可控因素，都會使一項看似天衣無縫的策略計畫毀於一旦。

尼克．莫爾進一步解釋到，西元一八六〇年代末和一八七〇年代初期，老毛奇將軍領率下的普魯士軍隊把克勞塞維茲的策略思想發揮到了極致，他們戰無不勝，相繼攻克了丹麥、奧地利和法國等國。和敵軍首次短兵相接時，老毛奇的將領們並不指望某個作戰計畫便能夠贏得勝利。相反，他們僅僅設定了一個泛泛的目標，並強調去攫取那些潛在的、不可預見的時機的重要意義。策略計畫絕不是一個冗長的行動計畫，而是策略的核心思想隨著外界環境的不斷變化不斷演變的結果。

對於一些人要求傑克．威爾許談談成功的具體方法，傑克．威爾許對這些人這樣表述：「你想獲得經營上的成功嗎？當然，我們大家都想。但是，絕不要指望我能夠為你指出一條成功大道。你必須在前進的過程中，根據現實不斷調整和變革，敢於利用新形勢下出現的各種新的機會——而這些，都不可能事先學到。所以你不得不做的就是：不氣餒，努力工作，從頭開始。」

為了充分發揮奇異公司各級主管的創造力，傑克．威爾許說：「我不可能具體管理諸如奇異資本事業部或 NBC 這樣價值數十億美元的公司，那是荒唐的。我做不到，但是我明確知道我的工作，我的工作是理解每一種業務有關經營的策略要點。我清楚他們贏得市場所應具備的才智和他們需要的資金數量。我敢打賭，但我知道我已經獲得足夠的資訊保證我能贏。」

世界正在飛速發展變化，我們無法承受因不加充分靈活的執行一些硬性規定而導致的付出與回報完全失衡的後果。

所以，你要想有堅實的立足點，就要清楚自己應該抓住那些事關你未來發展的事情的要點，而不是整天陷於具體的瑣碎繁雜的工作中。要給自己最大限度的自由和創造性，當然也包括責任感，去發掘你的發展機會。

一次做好一件事情

即使是一個才華一般的人，但只要他在某一段特定時間內，全身心的投入和不屈不撓的從事某一項工作，他就會取得一定的成就。

在太多的領域內都付出努力，我們就難免會分散精力，阻礙進步，最終一無所成。瑪麗安．蜜雪麗雅有一句名言：「一次做好一件事情的人，比同時涉獵多個領域的人要好得多。」十八世紀早期就讀於牛津大學的聖．派特西在一次給校友菲力浦．普萊斯考特爵士的信中談到他的學習方法，並解釋了自己成功的祕密。他說：「開始學法律時，我決心吸收每一點獲取的知識，並使之同化為自己的一部分。在一件事沒有充分了解清楚之前，我絕不會開始學習另一件事情。我

第十一章　做你認為最重要的事

一次做好一件事情

的許多競爭對手在一天內讀的東西，我得花一星期時間才讀完。而一年後，這些東西，我依然記憶猶新，但是他們，卻早已忘得一乾二淨了。」

在人生每一次追求中，作為成功之保證的與其說是卓越的才能，不如說是追求的目標。目標不僅產生了實現它的能力，而且產生了充滿活力、不屈不撓為之奮鬥的意志。因此，意志力可以定義為一個人性格特徵中的核心力量。它是人的行動的驅動器，是人的各種努力的靈魂。真正的希望以它為基礎，而且，它就是使現實生活絢麗多彩的希望。

對於年輕人來說，如果他們的願望和要求不能及時的付諸行動和成為事實，那麼就會引起他們精神上的萎靡不振。但是，目標的實現，正像許多成功的人所做的那樣，不僅需要耐心的等待，而且還必須百折不撓的拚搏。切實可行的目標一旦確立，就必須迅速付諸實施，並且不可有絲毫動搖。

波特．雷爾夫指出：「在生活中，唯有精神的肉體的勞動才能結出豐碩的果實。奮鬥、奮鬥、再奮鬥，這就是生活，唯有如此，也才能實現自身的價值。我可以自豪的說，還沒有什麼東西曾使我喪失信心和勇氣。」

如果我們把所從事的工作當作不可迴避的事情來看待，我們就會帶著輕鬆愉快的心情，迅速的將它完成。瑞典的魯道夫九世還在他年輕的時候，就對意志的力量抱有堅定的信念。每每遇到什麼難辦的事情，他總是摸著小兒子的頭，大聲說：「應該讓他去做，應該讓他去做。」

因此，即使是一個才華一般的人，但只要他在某一段特定時間內，全身心的投入和不屈不撓的從事某一項工作，他就會取得一定的成就。

有效利用當下的時間

重視一天也即意味著連現在的一小時也要重視，重視一小時也即意味著連目前的一分鐘也要重視，而重視時間也即意味著要重視每一瞬間。

充實的活過每一分鐘，可以更加豐富你的生命。你細細品味生活，就能怡然自樂。

生活中其實沒有太多的意外，因為每一件事情的發生都深具意義。一條看似陌生的道路，時時有著新的挑戰，帶來不斷的衝擊，讓你成長。不要因漸行漸遠而迷失方向，要堅持自己的信念，繼續努力，要認真活過每一分、每一秒。

重視一天也即意味著連現在的一小時也要重視，重視一小時也即意味著連目前的一分鐘也要重視，而重視時間也即意味著要重視每一瞬間。

聞名世界的法國昆蟲學家法布爾，出身貧寒，但他是一個能在工作中發現生活意義的人。法布爾說：「忙得連一分鐘休假時間都沒有，對我來說才是最幸福的事。工作就是我最重要的生活意義。」

他是非常努力的人，從少年時代對昆蟲有興趣後，為了更深入研究，遂傾盡心力，即使一分一秒也不浪費掉，因此他最後完成了一部名著《昆蟲學回憶錄》。

歲月伴我們成長至今，在這個過程中，總有人告訴我們要活得「好」。你可能也知道，「好」來自於對自己和別人的一份同情心的體貼。時間與金錢一樣也要吝於使用，否則無法成其大事。當然錢失去以後，還可以想辦法賺回來，可是時間一旦失去就再也追不回來了。所以我們對時間一定要吝嗇的加以使用。

那麼，怎樣做到有效利用當下的時間呢？你不妨試一試下面的辦法：

·確定每天的目標。把一天要做的最重要的幾件事，按其重要性大小編成號碼，並按重要性大小做下去。

·最充分的利用你最有效率的時間。如果你把最重要的任務安排在一天裡你做事最有效率的時間去做，你就能花較少的力氣，做完較多的工作。而何時做事最有效率？各人情況不同，需要你自己摸索。

·集中精力，全力以赴的完成最重要的任務。重要的不是做一件事花多少時間，而是有多少不受干擾的時間。·別要求完美。別要求把什麼事都做得完美無缺，如果信中有幾個錯字，改一下即可，不可重謄。

·利用已派用處的時間。如將看病、理髮的等候時間，用來制定計畫、寫信，甚至考慮寫作提綱。

我們常常說：「今天一定要達到這個標準。」可是這並不是說只要在今天結束以前能達成目

第十一章　做你認為最重要的事

有效利用當下的時間

標就好了。有句話說：「時間就是現在」，其意思就是要我們把握住現在去奮鬥。

只有生命才是最真實可貴的

追求事業，追求成功，除了要有錢，更要有時間，有對身體健康的保證，凡事都應放得下，看得開，這才是追求成功的最佳方式。

人的一生有許多誘惑，榮耀、權貴……但這些都是身外之物，只有生命才是最真實可貴的。現代社會的快節奏，使得人忙得沒有時間與家人相處，忙得沒有時間關愛自己，連身體發出警訊提醒時，也因為太忙而不經意被忽略，直到倒下來後才終於發出感嘆：為了賺錢，為了工作，為了所謂的事業有成，過去實在犧牲了太多太多！值得嗎？沒有了健康，無論是成就、名聲，什麼都談不上。

一位一百歲高齡的富翁，病得很嚴重，他想自己快要死了，但他不希望這樣死去，於是，他派人請來了一位心理醫生，這位醫生為富翁開了一個祕方：名字被複誦者，可長生不老。

富翁突然發現自己的名字已經「消失」了近七十年，平時因為尊卑的緣故，沒有人敢叫他的名字，只有「老爺」這個尊貴的代號。當富翁回憶起自己的名字時，居然熱淚盈眶，他似乎第一次感到了自己的心跳。

第十一章　做你認為最重要的事

只有生命才是最真實可貴的

富翁請來了六個僕人，在閣樓上日夜不停的輪流複誦他的名字……就這樣持續著。

有一天，富翁的身體竟然真的開始變化：身體逐漸康復，而且日漸年輕，生命彷彿得到了新生。

對於許多人來說，不管是沉迷於工作，還是勉強忍受工作，似乎都不能真正選擇要錢還是要命。為錢拚命占去所有清醒的時刻，只餘下微不足道的少許時間「休養生息」。

生活在大都市裡的人，總是忙得「不亦樂乎」：早上六點左右鬧鐘響；職業男女匆忙起身，忙得團團轉，洗漱一番，套上職業工作服裝；要是有時間，就吃一點早餐，隨後抓起公事包往外跑，開始接受每天例行的懲罰——所謂交通高峰的壅塞；朝九晚五的工作，應付老闆，應付同事，應付廠商，應付顧客；裝出一副忙得不可開交的樣子，掩飾所犯下的過錯；一肩承擔交代下來的多項工作，不時瞄著時鐘；與自己的良心爭辯，而屈服於老闆壓力之下，又是微笑點頭；五點了，下班回家，回到家，沖個澡，對配偶、孩子或室友表現出人性溫馨的一面；吃飯，看電視；上床，享受八個小時沉寂無聲的幸福安眠。一晝夜就這樣匆匆的度過。

這就是所謂的「謀生」嗎？想一想，有多少人下班比去上班之前更加生龍活虎？我們在一天「謀生」之後回家，是更有活力嗎？

我們的工作不正是慢慢扼殺我們的生命、健康、人際關係、歡樂和奇妙的感覺嗎？我們為錢犧牲奉獻生命，但它卻緩慢的蠶食著我們的生命。

這樣的生活方式是不可取的。追求事業，追求成功，除了要有錢，更要有時間，有對身體健

直接目標法

愛因斯坦也大推的成功法，幫你甩開拖延症

康的保證，凡事都應放得下，看得開，這才是追求成功的最佳方式。

第十一章　做你認為最重要的事

只有生命才是最真實可貴的

電子書購買

國家圖書館出版品預行編目資料

跨越勝利的門檻，目標引領的生活藍圖：直接目標法——愛因斯坦也大推的成功法，幫你甩開拖延症 / 溫亞凡，默默 著 . -- 第一版 . -- 臺北市 : 財經錢線文化事業有限公司 , 2023.09
面； 公分
POD 版
ISBN 978-957-680-669-8(平裝)
1.CST: 目標管理 2.CST: 成功法
494.17 112013116

跨越勝利的門檻，目標引領的生活藍圖：直接目標法——愛因斯坦也大推的成功法，幫你甩開拖延症

臉書

作　　者：溫亞凡，默默
發 行 人：黃振庭
出 版 者：財經錢線文化事業有限公司
發 行 者：財經錢線文化事業有限公司

E-mail：sonbookservice@gmail.com
粉 絲 頁：https://www.facebook.com/sonbookss/
網　　址：https://sonbook.net/
地　　址：台北市中正區重慶南路一段六十一號八樓 815 室
Rm. 815, 8F., No.61, Sec. 1, Chongqing S. Rd., Zhongzheng Dist., Taipei City 100, Taiwan
電　　話：(02) 2370-3310　　傳　　真：(02) 2388-1990

印　　刷：京峯數位服務有限公司
律師顧問：廣華律師事務所 張珮琦律師

定　　價：360 元
發行日期：2023 年 09 月第一版
◎本書以 POD 印製